电子电气基础课程规划教材

信号与系统实验教程

崔 炜　王 昊　主　编
王春阳　李 洋　副主编
韩春铃　许红梅　王义君　赵 爽　参　编

电子工业出版社
Publishing House of Electronics Industry
北京·BEIJING

内 容 简 介

本书是与"信号与系统"理论课程相配套的实验教程。内容包括：信号与系统硬件电路实验 11 个，信号与系统 MATLAB 实验 4 个，共 15 个实验内容，并附有信号与系统软、硬件实验中所涉及的信号与系统实验箱和常用实验仪器仪表的使用说明，以及 MATLAB 软件的基本知识等内容。

本书注重理论与实践相结合，注重实用性，可作为高等院校工科电子信息类及其他相关专业本科生的"信号与系统"课程配套实验或独立的"信号与系统实验"课程的教材，同时对信号与系统相关研究工作的工程技术人员也有一定的参考价值。

未经许可，不得以任何方式复制或抄袭本书之部分或全部内容。

版权所有，侵权必究。

图书在版编目（CIP）数据

信号与系统实验教程 / 崔炜，王昊主编. —北京：电子工业出版社，2014.2
电子电气基础课程规划教材
ISBN 978-7-121-22361-7

Ⅰ. ①信⋯ Ⅱ. ①崔⋯②王⋯ Ⅲ. ①信号系统－实验－高等学校－教材 Ⅳ. ①TN911.6-33

中国版本图书馆 CIP 数据核字（2014）第 010131 号

责任编辑：郝黎明
印　　刷：三河市鑫金马印装有限公司
装　　订：三河市鑫金马印装有限公司
出版发行：电子工业出版社
　　　　　北京市海淀区万寿路 173 信箱　　邮编：100036
开　　本：720×1000　1/16　印张：9　字数：181 千字
版　　次：2014 年 2 月第 1 版
印　　次：2017 年 1 月第 2 次印刷
定　　价：19.80 元

凡所购买电子工业出版社图书有缺损问题，请向购买书店调换。若书店售缺，请与本社发行部联系，联系及邮购电话：(010) 88254888，88258888。

质量投诉请发邮件至 zlts@phei.com.cn，盗版侵权举报请发邮件至 dbqq@phei.com.cn。

本书咨询联系方式：davidzhu@phei.com.cn。

前　　言

"信号与系统"是电子信息类各专业本科生必修的重要主干课程。该课程主要研究确定信号的特性，线性时不变系统的特性，信号通过线性时不变系统的基本分析方法以及信号与系统分析方法在某些重要工程领域的应用。信号与系统实验教学是本课程的重要环节，其目的是使学生掌握精确测试各种信号，掌握信号产生、分解、合成的基本分析方法和基本技能，以培养学生运用实验方法研究信号系统的能力，并提高学生的创新意识。

本书以培养学生分析问题与解决问题的能力及实践技能为目的，强调软件实验和硬件实验相结合，以求通过实验使学生达到实验能力标准：掌握各类信号的产生及测试方法，掌握各类电信号的分解、合成的设计方法，掌握产生各类电信号的模拟设计方法，培养学生独立设计实验和综合实验的能力，掌握在测试过程中误差归类法，掌握运用软、硬件结合的方法研究分析各种信号和线性时不变系统的特性。

本书共分三大部分，第一部分（第一章）"信号与系统硬件电路实验"，介绍了利用信号与系统实验箱进行硬件信号与系统实验内容，为紧密结合信号与系统理论课程，本书涵盖了信号与系统实验课程大纲中所包含的所有实验内容。第二部分（第二章）"信号与系统 MATLAB 实验"，介绍了利用 MATLAB 软件在信号与系统的应用知识，包括信号生成与运算的实现，连续系统的时域分析，连续信号、系统的频域分析和系统的复频域分析等内容。第三部分"附录"主要介绍了信号与系统软、硬件实验中所涉及的信号与系统实验箱和常用实验仪器仪表的使用说明以及 MATLAB 软件的基本知识等内容。

在此，感谢清华大学科教仪器厂和北京达盛科技有限公司在本书编写过程中给予我们的支持和帮助。

由于编者水平有限，书中难免存在错误及疏漏，恳请读者提出批评和指正。

编　者
2013 年 12 月

目 录

第一章 信号与系统硬件电路实验 ································· 1
 实验一 典型电信号的观察及测试 ······························ 1
 实验二 一阶电路响应的研究 ·································· 4
 实验三 二阶电路的瞬态响应 ·································· 7
 实验四 基本运算单元 ·· 9
 实验五 50Hz 非正弦周期信号的分解与合成 ···················· 14
 实验六 无源和有源滤波器 ··································· 18
 实验七 一阶系统模拟 ······································· 21
 实验八 二阶系统模拟 ······································· 23
 实验九 系统时域响应的模拟解法 ····························· 27
 实验十 二阶网络状态轨迹显示 ······························· 30
 实验十一 抽样定理 ··· 34

第二章 信号与系统 MATLAB 实验 ································ 37
 实验一 信号生成与运算的实现 ······························· 37
 实验二 连续系统的时域分析 ································· 44
 实验三 连续信号、系统的频域分析 ··························· 54
 实验四 系统的复频域分析 ··································· 70

附录 A 信号与系统实验箱使用说明 ····························· 79

附录 B 扫频电源操作使用说明 ································· 82

附录 C 常用电子仪器 ··· 84

附录 D 实验室常用仪表性能和使用简介 ························· 97

附录 E MATLAB 应用基础 ······································ 102

第一章 信号与系统硬件电路实验

实验一 典型电信号的观察及测试

一、实验目的

1. 学习示波器、交流毫伏表、函数信号发生器的使用方法。
2. 掌握观察和测定直流（阶跃）信号、正弦交流信号及脉冲信号的方法。

二、实验原理

直流（阶跃）信号、正弦信号、脉冲信号是常用的电信号。它们的波形如图 1.1.1 所示，分别可由直流稳压电源、函数信号发生器和脉冲信号发生器提供。

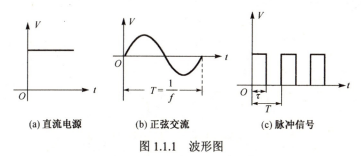

(a) 直流电源　　(b) 正弦交流　　(c) 脉冲信号

图 1.1.1　波形图

直流信号的主要参数是 V 或 I。正弦交流信号的主要参数是 V_m 或 I_m，周期 T 或频率 f 和初相角 ϕ。脉冲信号的主要参数是幅度、脉冲重复周期 T 和脉宽 τ。

测试信号幅度的常用仪器有万用表、交流毫伏表和示波器。用万用表和交流毫伏表测量交流电时，所得的都是有效值，它们的测试对象仅限于正弦交流信号，测量的精度会受到信号的频率和波形失真度的影响。使用示波器能观察到电信号的波形，从荧光屏刻度尺的 Y 轴可读出信号的振幅值或峰-峰值。从荧光屏刻度尺的 X 轴可读出信号的周期 T，从而可计算出频率。

三、预习要求

1. 简述示波器的原理以及显示被测波形的原理。荧光屏的 X 轴代表什么？Y 轴代表什么？

2．欲使示波器在无信号输入时显示一条亮且清晰的扫描基线，应调节面板上哪些旋钮？

3．用示波器观察到如图 1.1.2 所示的波形。若所用探头内附有 10∶1 的衰减器，电压量程为每格 0.2V，扫描时间为每格 50μs，则被测信号幅度和频率为多少？

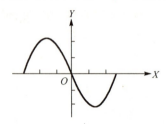

图 1.1.2　示波器观察波形

四、内容与步骤

1．直流信号的观察与测定

按图 1.1.3 方式连接直流稳压电源和示波器。观察直流信号波形，并按表 1-1-1 要求对直流电压进行测量，并记录示波器相应开关的位置。

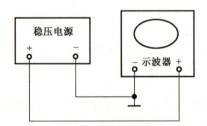

图 1.1.3　直流稳压电源和示波器连接示意图

表 1-1-1　直流电压测量

稳压电源输出	1V	5V	10V
示波器"V/DIV"位置			
格数			
示波器测得幅值			

2．正弦信号的观察与测定

按图 1.1.4 方式连接函数信号发生器、示波器和交流毫伏表。调整函数信号发生器使之输出正弦信号,幅值自定。按表 1-1-2 内容对正弦信号进行观察及测量。要求调节示波器,在荧光屏上观察到 3 至 5 个完整的波形。务必使图形清晰和稳定,记录示波器相应开关所做的改变。

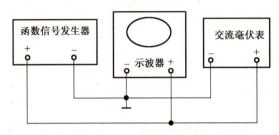

图 1.1.4 函数信号发生器、示波器和交流毫伏表连接示意图

表 1-1-2 正弦信号测量表格

信号源频率	1kHz	2kHz	5kHz
示波器"V/DIV"位置			
格数			
示波器测得幅值			
毫伏表测得有效值			
示波器"T/DIV"位置			
格数			
示波器测得周期			

3. 脉冲信号的观察及测量

任选几种不同频率、振幅的方波信号和三角波信号进行观察及测定,结果填于表 1-1-3 中,要求同正弦波测量。

表 1-1-3 方波信号、三角波信号测量表格

波形	方波		三角波	
信号源频率				
示波器"V/DIV"位置				
格数				
示波器测得幅值				
示波器"T/DIV"位置				
格数				
示波器测得周期				

五、仪器设备

1．示波器。
2．函数信号发生器。
3．毫伏表。
4．直流稳压电源。

六、注意事项

1．操作过程中，应注意避免稳压电源及函数信号发生器输出端短路，以免烧坏仪器。

2．示波器探头附有 10∶1 衰减器，即信号通过探头后要衰减到原来 1/10，故被测信号 Y 轴刻度上的读数应乘 10 后才是被测信号真实的幅值。

3．在定量测量信号的幅度和周期时，应将"微调"旋钮右旋到底，即处于"校准位置"，否则测量结果不正确。

七、报告要求

1．列表表示测量结果，给出所观察到的各种波形。
2．在实验中对示波器的哪些旋钮印象最深刻？它们各起什么作用？

实验二　一阶电路响应的研究

一、实验目的

1．研究一阶电路的零输入、零状态响应及完全响应的变化规律和特点。
2．了解时间常数对响应波形的影响及积分、微分电路的特性。

二、实验原理

1．凡是能用一阶微分方程来描述的电路称为一阶电路。线性电路的瞬态响应又分为零输入响应、零状态响应和完全响应。当初始条件为零而仅激励引起的响应称为"零状态响应"。激励为零而仅由初始状态引起的响应称为"零输入响应"。初始状态与激励共同作用而引起的响应称为"完全响应"，它等于零状态和零输入响应之和。零输入响应是由回路参数和结构决定的，一阶电路的零输入响应总是按指数规律衰减的，衰减的快慢决定于回路的时间常数 τ。在 RC 电路中 $\tau=RC$，在 RL 回路中 $\tau=L/R$。改变元件的参数值，可获得不同的时间常数，由此改变衰减速率，以满足电路特性的要求。

2. 瞬态响应是短暂的单次变化过程。它在瞬间发生而又很快消失，所以观察这一过程是比较困难的。为了便于观察测量，实验采用方波信号来代替单次接通的直流电源，而使单次变化过程重复出现。方波信号源的作用如图 1.2.1 虚线框内部分。K 的动作频率等于方波信号频率的 2 倍。可见，要求方波周期 T 与电路时间常数 τ 满足一定的关系，所观察到的响应性质即与单次过程完全相同。

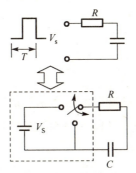

图 1.2.1　方波信号作用等效电路示意图

3. 波特图。波特图是线性时不变系统的传递函数对频率的半对数坐标图，其横轴频率以对数尺度（log scale）表示，利用波特图可以看出系统的频率响应。波特图一般是由两张图组合而成，一张幅频图表示频率响应增益的分贝值对频率的变化，另一张相频图则是频率响应的相位对频率的变化。波特图表明了一个电路网络对不同频率信号的放大能力。在研究放大电路的频率响应时，由于信号的频率范围很宽（从几赫到几百兆赫以上），放大电路的放大倍数也很大（可达百万倍），为压缩坐标，扩大视野，在绘制频率特性曲线时，频率坐标采用对数刻度，而幅值（以 dB 为单位）或相角采用线性刻度。

三、预习要求

1. 定性画出周期方波作用下的一阶 RC 电路波特图。

（1）$\tau \gg T/2$（3-5）信号积分电路。

（2）$\tau \ll T/2$（3-5）信号微分电路。

（3）$\tau = T/2$。

三种情况下，瞬态响应波形，并确定何处为零输入响应、零状态响应和完全响应。

2. 按实验内容与步骤 1 中确定的各元件参数值，计算电路的时间常数 τ 与输出方波周期 T 进行比较。哪组是积分电路、哪组是微分电路。

四、内容与步骤

1. 信号源输入方波，幅度 V_{p-p}=2V，频率 f=5kHz。按图 1.2.1 接线，观察并定量描绘 RC、RL 电路在下述参数值时，各元件两端的电压波形即波特图。

（1）R=1kΩ　　　C=0.01μF
（2）R=1kΩ　　　C=0.1μF
（3）R=3kΩ　　　C=0.1μF
（4）R=1kΩ　　　L=10mH
（5）R=100Ω　　　L=10mH

2. 上述各组参数中哪组是微分电路、哪组是积分电路？并在微分电路状态下，测量时间常数 τ 值（利用上升曲线的 68%X 轴投影、下降曲线的 32%X 轴投影来测量时间常数 τ=？并与理论值相比较）。

测量 τ 值在微分电路时测量，如果不是微分电路，可通过改变信号源频率满足微分电路条件；工程上通过测量 τ 值，确定硬件参数。

五、仪器设备

1. 函数信号发生器。
2. 示波器。
3. 信号与系统实验箱。

六、注意事项

在分析一阶电路时，首先列出此网络的微分方程，求出其通解、特解，此微分方程解的几何描点，即是此电路的波特图。因此一阶电路的完全响应是线性的、时不变，没有间断点，按指数规律上升、下降，上升、下降的速率受时间常数制约。这就是一阶电路波特图的特点。

七、报告要求

1. 分析实验结果，说明元件参数改变对一阶电路瞬态响应的影响。
2. 将同一时间常数的 RC、RL 电路的波形相比较，又得出什么结论？

实验三 二阶电路的瞬态响应

一、实验目的

1. 研究 RLC 串联电路特性与元件参数的关系。
2. 观察分析二阶电路各种类型的状态轨迹。

二、实验原理

1. 凡是可用二阶微分方程来描述的电路称为二阶电路。解二阶微分方程特征根：可有以下几种情况。

(1) $R>2\sqrt{L/C}$ 时为过阻尼情况，即不相等实数根。
(2) $R=2\sqrt{L/C}$ 时为临界阻尼情况，即相等实数根。
(3) $R<2\sqrt{L/C}$ 时为欠阻尼情况，即二共轭虚数根。

因此对于不同的电阻值，电路的响应波形是不同的。

因为冲激信号是阶跃信号的导数，所以对线性时不变电路的冲激响应也是阶跃响应的导数。实验中，用周期方波代替阶跃信号。用周期方波通过微分电路后得到尖脉冲代表冲激信号。

二阶电路瞬态响应实验接线图如图 1.3.1 所示。

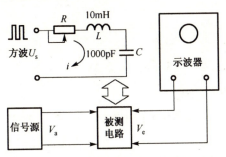

图 1.3.1 二阶电路瞬态响应实验接线图

不同情况下三阶电路的相应波形图如图 1.3.2 所示。

在实验电路图 1.3.1 中，根据 KVL 列回路电压方程为：

$$\dot{V}_S = \dot{V}_R + \dot{V}_L + \dot{V}_C$$

串联回路电流：$i_C = C\dfrac{du_C}{dt}$；

$$\because \dot{V}_L = L\frac{di}{dt} = LC\frac{d^2 u_C}{dt};$$

$$\dot{V}_R = RC\frac{du_C}{dt}$$

$$\therefore \dot{V}_S = LC\frac{d^2 u_C}{dt} + CR\frac{du_C}{dt} + \dot{V}_C$$

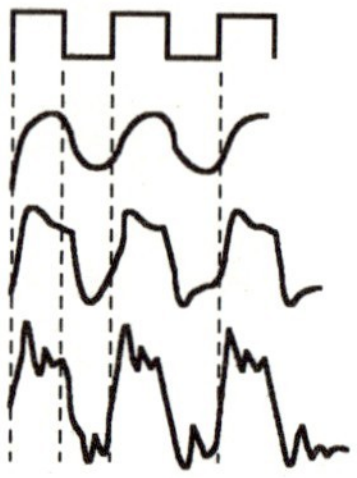

图 1.3.2 不同情况下二阶电路的相应波形图

三、预习要求

1. 选定微分电路元件的数值，使之在输入频率为 5kHz 时，能获得宽度极窄的尖脉冲输出。

2. 定性画出 RLC 串联电路在阶跃信号激励下的过阻尼、欠阻尼和临界阻尼时 V_C 上的响应波形。

四、内容与步骤

输入信号：方波信号，f=5kHz，$V_{p\text{-}p}$=2V

1. 观察电路的阶跃响应

以方波为激励源，观察图 1.3.1 电路 V_C 的波形。改变 R 值。描述过阻尼、欠阻尼和临界阻尼三种情况下在 R、L、C 各元件上的几组响应波形。

2. 实验电路同上。改变电阻阻值，满足欠阻尼条件时（以示波器波形为准），示波器波形如图 1.3.3 所示，用示波器测出一组衰减角频率 ω_a 和衰减系数 a 的值。（$a = \frac{1}{T_d}\ln\frac{I_{1m}}{I_{2m}}, T_d = \frac{2\pi}{\omega_a}$）。

3. 信号衰减频率 $f = \frac{1}{2\pi\sqrt{LC}}$，可与测得 T_d 相比较，从而可确定二阶电路的硬件参数。

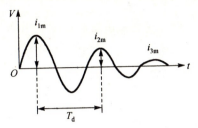

图 1.3.3 测量衰减角频率和衰减系数时示波器波形图

五、仪器设备

1. 函数信号发生器。
2. 示波器。
3. 信号系统实验箱。

六、注意事项

1. 观察过渡过程的波形，以示波器为准。
2. 分析实验结果，应注意实际元件与理想模型之间的差别，实际电感线圈和电容器都具有损耗电阻。
3. 在测试响应波形图时，注意要保证各元件有共同的接地端。

七、报告要求

整理实验结果，讨论改变电路参数对二阶电路瞬态响应的影响。

实验四 基本运算单元

一、实验目的

1. 掌握运算放大器原理及使用方法。
2. 掌握基本运算器——加法器、标量乘法器和积分器的功能。

二、实验原理

1. 运算放大器

运算放大器实际就是高增益的直流放大器。因配以反馈网络后可实现对信号的求和、积分、微分、比例放大等多种数学运算而得名。运算放大器的内部电路一般比较复杂，由输入级、放大级和输出级组成，利用现代集成技术可以把这样一个多级电路"集成"到一小块硅片上，封装成一个单独的器件——集成运算放大器，其体积和功耗与一个普通的晶体管相当。

运算放大器的符号如图 1.4.1 所示，具有两个输入端和一个输出端。从"−"端输入时，输出信号与输入信号相反，故"−"端称为反相输入端；从"+"端输入时，输出信号与输入信号相同，故"+"端为同相输入端。实际运算放大器另有辅助引出线，作为它的电源、偏置、调零、相位补偿等作用。"μA741"运算放大器是双列直插式，有 8 条引出线，如图 1.4.2 所示。

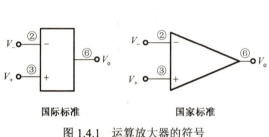
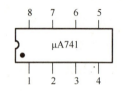

2—反相输入；7—+15 V；1、5—调零；
3—同相输入；4—−15 V；6—输出；
8—空

图 1.4.1 运算放大器的符号　　　图 1.4.2 运算放大器引出线

2. 运算放大器特性

（1）开环增益高

$$A = \frac{V_o}{V_+ - V_-} \tag{4-1}$$

式中，V_o 为运算放大器的输出电压，V_+ 为"+"输入端对地电压，V_- 为"−"输入端对地电压，不加反馈（开环）时，电压增益高达 $10^4 \sim 10^6$。

（2）输入阻抗高，一般为 $10^6 \sim 10^{11} \Omega$。

（3）输出阻抗低，一般从几十到几百欧姆，由于运算放大器通常工作于深度负反馈状态，其闭环输出阻抗将更小。

为使电路分析工作简化，在误差允许的条件下，常把上述特性理想化，即认为理想运算放大器的开环增益为无穷大，其输入阻抗为无穷大，其输出阻抗为零。

当运算放大器工作在线性区域时，由上述理想特性引出两点重要结论：

（1）因为输入阻抗无穷大，故运算放大器的输入电流为零，称为"虚断"；

（2）因为电压增益无穷大，而输出电压是有限值。据式（4-1）可知，差动输入电压 $V_+ - V_-$ 基本为零，"+"输入端和"−"输入端电位相等，称为"虚短"。若一端接地（零电位），另一端电位也为零，称此端为"虚地"。

3. 基本运算单元

这里仅介绍在系统的模拟中所必需的三种基本运算器,即加法器、标量乘法器、积分器。

(1) 加法器

加法器的原理电路如图 1.4.3 所示。

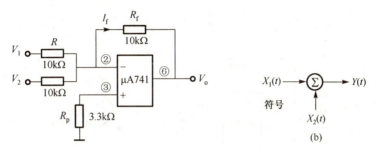

图 1.4.3　反相加法器电路图及符号表示

$$I_f = I_1 + I_2 \tag{4-2}$$

又由于"+"端为虚地,故有:

$$\begin{aligned}I_1 &= V_1 / R \\ I_2 &= V_2 / R \\ I_F &= -V_0 / R_f\end{aligned} \tag{4-3}$$

将式(4-3)代入式(4-2)得

$$-\frac{V_0}{R_f} = \frac{V_1}{R} + \frac{V_2}{R}$$

∴

$$V_0 = -(V_1 + V_2) \cdot \frac{R_f}{R} \tag{4-4}$$

即输出电压为输入电压之和,但反相,故图 1.4.3 称为反相加法器。若再加一反向器成为同相加法器。

(2) 标量乘法器

标量乘法器电路及符号表示如图 1.4.4 所示。

因"+"和"−"输入端均无输入电流,所以 $V_+=0$、$i=i_F$。由于"+"、"−"两输入端电位相等,即 $V_-=V_+=0$。"+"输入端为虚地,故有:

$$i = V_i / R$$
$$i_f = -V_o / R_f$$

由上述关系可以导出

$$V_o = -\frac{R_f}{R} V_i$$

$$V_o = -K V_i \qquad (4\text{-}5)$$

式中，$K=R_f/R$ 为标量，仅取决于 R_f 和 R 两电阻之比值。

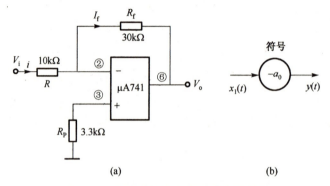

图 1.4.4 标量乘法器电路图及符号表示

式中负号表示输出端与输入端反相，故称为反相标量乘法器，也称为反相比例运算放大器。

图 1.4.4 中电阻 R_P 用来保证外部电路平衡对称，以保证运算放大器外围电路的平衡，取值为 $R_P = R // R_F$。

当 $R = R_F$ 时，$K=1$，式（4-5）变为 $V_o = -V_i$，这就是最简单的反相器。

（3）积分器

基本运算放大器具有反相结构，原理电路如图 1.4.5 所示。

根据理想运算放大器的特性不难得出：

$$i = \frac{V_i}{R}$$

$$V_o = -V_C = -\frac{1}{C}\int i_f \, dt = -\frac{1}{RC}\int V_i \, dt$$

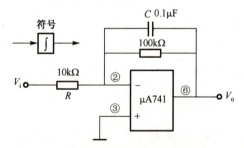

图 1.4.5 积分器电路图及符号表示

现输出电压 V_o 是输入电压 V_i 的积分，习惯上将 τ 称为积分器的积分时间常数。于是输出、输入关系可最后改写为：

$$V_\mathrm{o} = -\frac{1}{\tau}\int V_i \mathrm{d}t$$

积分器实现积分的关键在于反相端为"虚地"。"虚地"保证了电容器的充电电流正比于输入电压，也保证了电容器两端的电压在数值上等于输出电压。

注意：不论何种原因导致反相端偏离"虚地"都将引起积分运算错误。

说明：

（1）工程中积分器在 C 两端并接 10 倍 R 的平衡电阻，积分表达式区间（输入方波 $\tau=T/2$），V_i 取其周期内平均值；

（2）工程上是画出运放外围电路，实际上运放⑦、④脚要同时加正、负直流电源，否则极易烧坏运放。

三、预习要求

1. 若使用图 1.4.3 电路，$V_1 = V_2 = A\sin\omega t$，输出 V_o 应为何值？若 $V_1 = \sin\omega t$，$V_2 = V(t)$（直流）。定性画出输出 V_o 波形。

2. 若要检查图 1.4.3、图 1.4.4、图 1.4.5 所画的加法器、标量乘法器和积分器，应输入何种信号？如何根据输出信号的波形、幅度、相位等主要参量来检验运算单元电路特性？

四、内容与步骤

实验电路如图 1.4.3、图 1.4.4、图 1.4.5 所示。

1. 加法器实验内容

输入方波 $f=500\mathrm{Hz}$，$V_{1\mathrm{P-P}}=4\mathrm{V}$，正弦波 $V_{2\mathrm{P-P}}=1\mathrm{V}$，$f=5\mathrm{kHz}$，定量画出 V_o 的波形。

验证：$V_\mathrm{o} = -(V_1 + V_2)\cdot\dfrac{R_\mathrm{f}}{R}$

2. 比例放大器实验内容

（1）输入方波 $V_\mathrm{i}=2V(V_{\mathrm{p-p}})$，$f=1\mathrm{kHz}$。定量画出 V_o 波形。

验证：$V_\mathrm{o} = -\dfrac{R_\mathrm{f}}{R}V_\mathrm{i}$

（2）输入正弦波 $V_\mathrm{i}=2V(V_{\mathrm{p-p}})$，$f=1\mathrm{kHz}$。

验证：$V_\mathrm{o} = -\dfrac{R_\mathrm{f}}{R}V_\mathrm{i}$。

（3）积分器实验内容

输入方波 $V_i=2V(V_{p\text{-}p})$，f 分别为 1kHz、2kHz、5kHz，定量画出 V_o 的波形。

验证：$V_o = -\dfrac{1}{T}\int V_i \mathrm{d}t = -\dfrac{1}{RC}\int_0^{\frac{T}{2}} V_T \mathrm{d}t$

五、仪器设备

1．示波器。
2．交流毫伏表。
3．直流稳压电源。
4．函数信号发生器。
5．数字万用表。
6．信号与系统实验箱。

六、注意事项

1．运算放大器正、负电源不应超过+15V 和−15V。
2．插接运算放大器时，应注意先将直流稳压电源和信号源关闭，以免损坏运放。
3．实验过程中，不宜加入过大的输入信号，以免由于运放饱和，即输出信号失真而得不到正确的实验结论。

七、报告要求

1．按所给定实验内容，操作步骤，整理实验数据、波形和结论。
2．整理实验过程中遇到的问题及其解决办法，写出本次实验体会。

实验五　50Hz 非正弦周期信号的分解与合成

一、实验目的

1．掌握运用同时分析法观测 50Hz 非正弦周期信号的频谱的方法。
2．掌握基波和其谐波的合成。

二、实验原理

1．一个非正弦周期函数可以用一系列频率成整数倍的正弦函数来表示，其中与非正弦具有相同频率的成分称为基波或一次谐波，其他成分则根据其频率的2、3、4、…、n 等倍数分别称二次、三次、四次、…、n 次谐波，其幅度将随谐波次数的增加而减小，直至无穷小。

2．不同频率的谐波可以合成一个非正弦周期波，反过来，一个非正弦周期波也可以分解为无限个不同频率的谐波成分。

3．一个非正弦周期函数可用傅里叶级数来表示，级数各项系数之间的关系可用各个频谱来表示，不同的非正弦周期函数具有不同的频谱图，方波信号的频谱图如图 1.5.1 表示。各种不同波形如图 1.5.2 所示。各种波形的傅里叶级数表达式如下。

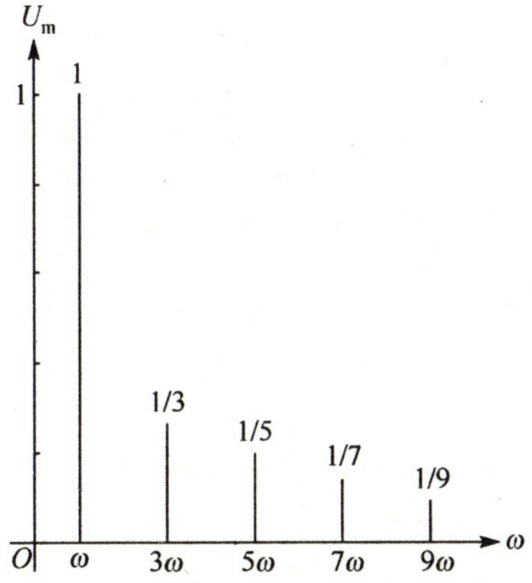

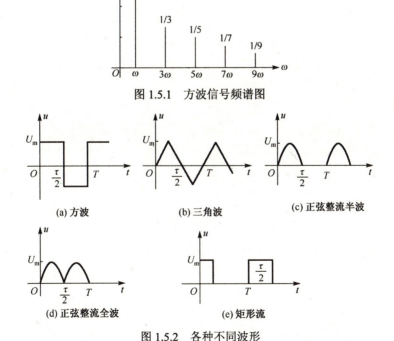

图 1.5.1　方波信号频谱图

(a) 方波　　(b) 三角波　　(c) 正弦整流半波

(d) 正弦整流全波　　(e) 矩形流

图 1.5.2　各种不同波形

（1）方波：

$$u(t) = \frac{4u_m}{\pi}\left(\sin\omega t + \frac{1}{3}\sin 3\omega t + \frac{1}{5}\sin 5\omega t + \frac{1}{7}\sin 7\omega t + \cdots\right)$$

（2）三角波：

$$u(t) = \frac{8u_m}{\pi^2}\left(\sin\omega t - \frac{1}{9}\sin 3\omega t + \frac{1}{25}\sin 5\omega t + \cdots\right)$$

（3）半波：

$$u(t) = \frac{2u_m}{\pi}\left(\frac{1}{2} + \frac{\pi}{4}\sin\omega t - \frac{1}{3}\cos\omega t - \frac{1}{15}\cos 4\omega t + \cdots\right)$$

（4）全波：

$$u(t) = \frac{4u_m}{\pi}\left(\frac{1}{2} - \frac{1}{3}\cos 2\omega t - \frac{1}{15}\cos 4\omega t - \frac{1}{35}\cos 6\omega t + \cdots\right)$$

（5）矩形波：

$$u(t) = \frac{\tau u_m}{T} + \frac{2u_m}{\pi}\left(\sin\frac{\tau\pi}{T}\cos\omega t + \frac{1}{2}\sin\frac{2\tau\pi}{T}\cos 2\omega t + \frac{1}{3}\sin\frac{3\tau\pi}{T}\cos 3\omega t + \cdots\right)$$

实验装置的结构如图 1.5.3 所示。图中 LPF 为低通滤波器，可分解出非正弦周期函数的直流分量。$BPF_1 \sim BPF_6$ 为调谐在基波和各次谐波上的带通滤波器，加法器用于信号的合成。

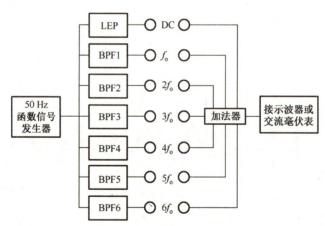

图 1.5.3 信号分解与合成实验装置结构框图

三、预习要求

在做实验前认真复习关于周期性信号傅里叶级数分解的有关内容。

四、内容及步骤

1. 调节函数信号发生器，使其输出 50Hz 的方波信号，并将其接至信号分解实验模块 BPF 的输入端，然后细调函数信号发生器的输出频率，使该模块中所含有的基波 50Hz 成分在 BPF 的输出中幅度为最大。

2．示波器探头接带通滤波器的输出端，观测各次谐波的频率和幅值，并列表记录。

3．将方波分解所得到的基波和三次谐波分量接至加法器的相应输入端，观测加法器的输出波形，并记录。

4．在步骤 3 的基础上，再将五次谐波分量加到加法器的输入端，观测相加后的波形，并记录。

5．分别将 50Hz 单相正弦半波、全波、矩形波、三角波的输出信号接至 50Hz 信号分解与合成模块输入端，观测基波及各次谐波的频率和幅度，并记录。

6．将 50Hz 单相正弦半波、全波、矩形波、三角波的基波和谐波分量分别接至加法器的相应的输入端，观测加法器的输出波形，并记录。

五、仪器设备

1．信号与系统实验箱。
2．函数信号发生器信号。
3．双踪示波器。

六、思考题

1．什么样的周期性函数没有直流分量和余弦项。
2．分析理论合成的波形与实验观测到的合成波形之间误差产生的原因。

七、报告要求

1．根据实验测量所得的数据，在同一坐标纸上绘制方波及其分解后所得到的基波和各次谐波的波形，画出其频谱图。

2．将所得到的基波和三次谐波及其合成波形一同绘制在同一坐标纸上，并且把实验步骤 3 中观测到的合成波形也绘制在同一坐标纸上。

3．将所得到的基波、三次谐波、五次谐波及三者合成的波形一同绘制在同一坐标纸上，并把实验步骤 4 中所观测到的合成波形也绘制在同一坐标纸上，便于比较。

4．回答思考题。

实验六 无源和有源滤波器

一、实验目的

1. 了解 RC 无源和有源滤波器的种类、基本结构及特性。
2. 分析和对比无源和有源滤波器的滤波特性。
3. 掌握扫频仪的使用方法。

二、实验原理

1. 滤波器是对输入信号的频率具有选择性的一个二端网络。它允许某些频率（通常是某个频带范围）的信号通过，而其他频率的信号受到衰减或抑制，这些网络可以 RC 元件构成的无源滤波器，也可以由 RC 元件和有源器件构成的有源滤波器。

2. 根据幅频特性所表示的通过或阻止信号频率范围的不同，滤波器可分为低通滤波器（LPF）、高通滤波器（HPF）、带通滤波器（BPF）和带阻滤波器（BEF）四种。把能够通过的信号频率范围定义为通带，把阻止通过或衰减的信号频率范围定义为阻带。而通带与阻带的分界点的频率称为截止频率或转折频率。图 1.6.1 中的 $|H(j\omega)|$ 为通带的电压放大倍数，ω_0 为中心频率，ω_{CL} 和 ω_{CH} 分别为下限和上限截止频率。

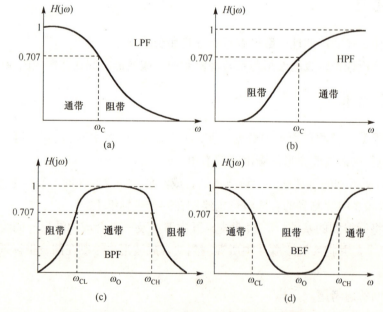

图 1.6.1 低通、高通、带通、带阻滤波器幅频特性

4 种滤波器的实验电路如图 1.6.2 所示。

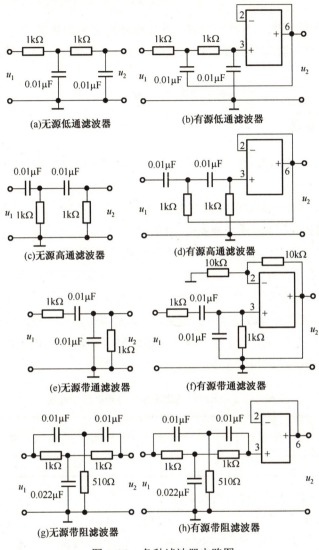

图 1.6.2　各种滤波器电路图

3. 滤波器的频率特性 $H(j\omega)$（又称为传递函数）如图 1.6.3 所示，它用式（6-1）表示：

$$H(j\omega) = \frac{u_2}{u_1} = A(\omega)\angle\theta(\omega) \quad （6-1）$$

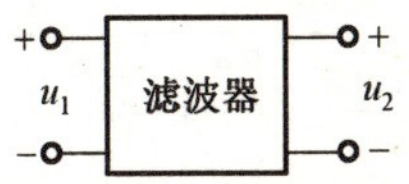

图 1.6.3　滤波器框图

式中，$A(\omega)$ 为滤波的幅频特性，$\theta(\omega)$ 为滤波器的相频特性。它们都可以通过实验的方法来测量。

三、预习要求

1. 预习实验原理、内容与步骤,并定性预期实验的结果。
2. 推导各类无源和有源滤波器的频率特性,并据此分别画出滤波器的幅频特性曲线。
3. 在方波激励下,分析各类滤波器的响应情况。

四、内容及步骤

1. 滤波器的输入端接正弦信号发生器,滤波器的输出端接示波器和交流毫伏表。
2. 测试无源和有源低通滤波器的幅频特性。

(1) 测试 RC 无源低通滤波器的幅频特性

用图 1.6.2 所示的电路,测试 RC 无源低通滤波器的特性。

实验时,必须在保证输入正弦波信号电压(u_1)幅值不变的情况下,逐渐改变其频率,用交流毫伏测量 RC 滤波器输出端电压 u_2 的幅值,并把所测的数据记录于表 1-6-1 中。注意每当改变信号源频率时,都必须观测一下输入信号 u_1 使之保持不变。实验时应接入双踪示波器,分别观测输入 u_1 和输出 u_2 的波形(注意:在整个实验过程中应保持 u_1 恒定不变)。

表 1-6-1 无源低通滤波器特性测试数据表格

F(Hz)											$\omega_0=\dfrac{1}{RC}$ (rad/s)	$f_0=\dfrac{\omega_0}{2\pi}$ (Hz)
u_1(V)												
u_2(V)												

(2) 测试 RC 有源低通滤波器的幅频特性

实验电路如图 1.6.2(b)所示。取 $R=1\text{k}\Omega$、$C=0.01\mu\text{F}$、放大系数 $K=1$。测试方法用步骤(1)中相同的方法进行实验操作,并将实验数据记入表 1-6-2 中。

表 1-6-2 有源低通滤波器特性测试数据表格

F(Hz)											$\omega_0=\dfrac{1}{RC}$ (rad/s)	$f_0=\dfrac{\omega_0}{2\pi}$ (Hz)
u_1(V)												
u_2(V)												

3. 分别测试无源、有源 HPF、BPF、BEF 的幅频特性,实验步骤、数据记录表格及实验内容自行拟定。

4．研究各种滤波器对方波信号或其他非正弦信号输入的响应（选做，实验步骤自拟）。

五、仪器设备

1．信号与系统实验箱。
2．双踪示波器。
3．交流毫伏表。

六、注意事项

1．在实验测量过程中，必须始终保持正弦波信号源的输出（即滤波器的输入）电压 u_1 幅值不变，且输入信号幅度不宜过大。
2．在进行有源滤波器实验时，输出端不可短路，以免损坏运算放大器。
3．用扫频电源作为激励时，可很快得出实验结果，但必须熟读扫频电源的操作和使用说明。

七、思考题

1．试比较有源滤波器和无源滤波器各自的优缺点。
2．各类滤波器参数的改变，对滤波器特性有何影响。

八、报告要求

1．根据实验测量所得的数据，绘制各类滤波器的幅频特性。对于同类型的无源和有源滤波器幅频特性，要求绘制在同一坐标纸上。以便比较，计算出各自截止频率和通频带。
2．比较分析各类无源和有源滤波器的滤波特性。
3．分析在方波信号激励下，滤波器的响应情况（选做）。
4．写出本实验的心得体会。

实验七　一阶系统模拟

一、实验目的

1．掌握连续时间系统的模拟方法。
2．掌握用基本运算单元模拟一阶系统的方法。

二、实验原理

1. 不论是物理系统还是非物理系统，不论是电系统还是非电系统都可以用模拟装置——基本运算器进行模拟。模拟装置可以与实际系统的内容完全不同。但是两者的微分方程完全相同，输入输出关系即传输函数也完全相同。因而在对实际系统进行研究时，可运用实际手段构造出该实际系统的模拟装置，从而观察激励和系统参数变化时引起响应的变化，以便确定最佳参数值。

2. 微分方程的一般形式为 $y^{(n)}+a(n)-y^{(n-1)}+\cdots+a_0y=x$。式中 x 为激励，y 为响应，模拟系统微分方程的规律是将微分方程输出函数的最高阶导数保留在等式左边，把其余各项一起移到等式右边，最高阶导数作为第一积分器的输入，每经过一个积分器电路，输出函数导数就降低一阶，直到获得输出 y 为止。把各个阶数降低了的导数及输出函数分别通过各自的标量乘法器，再送至第一个积分器前面的加法器与输入函数 x 相加，则该模拟装置的输入和输出服从的方程与被模拟的实际系统微分方程完全相同。一阶微分方程的框图如图 1.7.1 所示。其模拟的实际电路如图 1.7.2 所示。

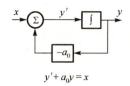

$$y' + a_0 y = x$$

图 1.7.1 一阶系统模拟框图

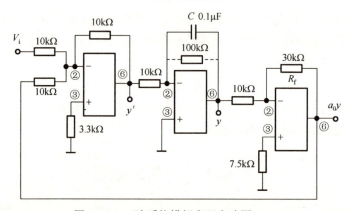

图 1.7.2 一阶系统模拟实际电路图

根据该模拟电路，只要适当地选择模拟装置相关元件的参数，就能使模拟方程和实际系统的微分方程完全相同。

三、预习要求

1. 复习实验四中基本运算器——加法器、标量乘法器和积分器电路。
2. 预习一阶电路微分方程的一般表示式。
3. 求解图 1.7.2 所示一阶电路中的微分方程,并列写为一般微分方程表示形式。

四、实验内容

1. 输入方波,$V_{P-P} = 2V$(用何种仪器测出?)频率分别为 200Hz、1kHz、5kHz。观察并描绘 y 和 y' 点信号波形,并与一阶电路实验波形相比。

2. 输入正弦信号,$V_S = 1V$(有效值)(用何种仪器测量?)频率在 100Hz~5kHz 范围内自取 10 点以上,测绘出 y 和 y' 特性曲线。

五、仪器设备

1. 示波器。
2. 数字万用表。
3. 函数信号发生器。
4. 直流稳压电源。
5. 交流毫伏表。
6. 信号与系统实验箱。

六、注意事项

测绘频率特性曲线应随时检测信号源输出电压并保持恒定。

七、报告要求

整理实验中观察到的各种波形,绘出各种情况下的模拟装置的频率特性曲线,写出相应的实验结论。

实验八 二阶系统模拟

一、实验目的

1. 掌握连续时间系统的模拟方法。
2. 用基本运算单元模拟二阶系统。

二、实验原理

1. 不论是物理系统还是非物理系统，不论是电系统还是非电系统都可以用模拟装置——基本运算器进行模拟。模拟装置可以与实际系统的内容完全不同。但是两者的微分方程完全相同。输入输出关系即传输函数也完全相同。因而在对实际系统进行研究时，可运用实际手段构造出该实际系统的模拟装置，从而观察激励和系统参数变化时引起响应的变化，以便确定最佳参数值。

2. 微分方程的一般形式为 $y^{(n)}+a(n)y^{(n-1)}+\cdots+a_0 y=x$。式中，$x$ 为激励，y 为响应，模拟系统微分方程的规律是将微分方程输出函数的最高阶导数保留在等式左边，把其余各项一起移到等式右边，最高阶导数作为第一积分器的输入，每经过一个积分器电路，输出函数导数就降低一阶，直到获得输出 y 为止。把各个阶数降低了的导数及输出函数分别通过各自的标量乘法器，再送至第一个积分器前面的加法器与输入函数 X 相加，则该模拟装置的输入和输出服从的方程与被模拟的实际系统微分方程完全相同。

3. 网络函数的一般形式为：

$$H(s)=\frac{Y(s)}{F(s)}=\frac{a_0 s^n+a_1 s^n+\cdots+a_n}{s^n+b_1 s^{n-1}+\cdots+b_n}$$

它可以化成：

$$H(s)=\frac{a_0+a_1 s^{-1}+\cdots+a_n s^{-n}}{1+b_1 s^{-1}+\cdots+b_n s^{-n}}=\frac{P(s^{-1})}{Q(s^{-1})}$$

则有：

$$Y(s)=P(s^{-1})\frac{1}{Q(s^{-1})}F(s)$$

令：

$$X=\frac{1}{Q(s^{-1})}F(s)$$

$$F(s)=Q(s^{-1})X=X+b_1 Xs^{-1}+b_2 Xs^{-2}+\cdots+b_n Xs^{-n}$$
$$Y(s)=P(s^{-1})X=a_0 X+a_1 Xs^{-1}+a_2 Xs^{-2}+\cdots+a_n Xs^{-n}$$

因而：　　　　$X=F(s)-b_1 xs^{-1}-b_2 xs^{-2}\cdots+b_n Xs^{-n}$

由此可画出模拟装置如图 1.8.1 所示。

若要实现以下三种二阶函数时可采用图 1.8.2。

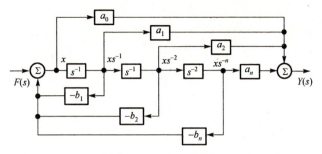

图 1.8.1　网路函数模拟

低通函数：$\quad H_1(s) = \dfrac{1}{s^2 + b_1 s + b_2}$

带通函数：$\quad H_b(s) = \dfrac{-s}{s^2 + b_1 s + b_2}$

高通函数：$\quad H_h = \dfrac{s^2}{s^2 + b_1 s + b_2}$

其中：$\quad b_2 = \omega_o^2 = \dfrac{1}{R^2 C^2} \cdot \dfrac{R_O}{R}$

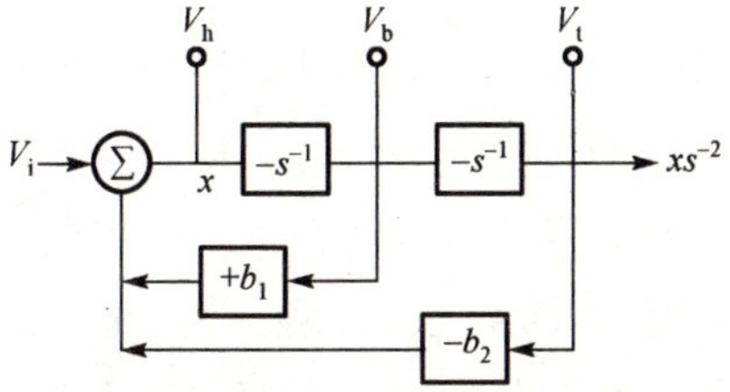

图 1.8.2　二阶网络函数模拟图

二阶系统的模拟电路框图如图 1.8.3 所示。实际模拟电路如图 1.8.4 所示。

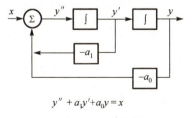

$y'' + a_1 y' + a_0 y = x$

图 1.8.3　二阶系统模拟

改变 R_{w1} 可以改变极点的频率，调节 R_{w2} 可以改变极点的 Q 值。

如果采用加减法电路后，模拟二阶网络函数的实际电路为图 1.8.4 电路，其中各运放的辅助电路均不画出。

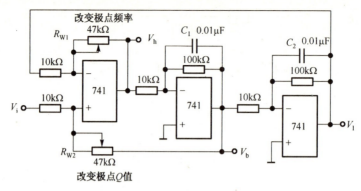

图 1.8.4 二阶系统模拟实际电路

三、预习要求

1. 复习在实验七中得出一阶电路的时域响应波形。
2. 在图 1.8.4 中标定的元件参数，其中谐振频率 ω_0 应为多少？
3. 粗略画出 $H_c(j\omega)$、$H_b(j\omega)$、$H_h(j\omega)$ 的幅频特性曲线。

四、实验内容

高阶网络函数并不采用图 1.8.1 的方法来模拟，而是将高阶函数分为许多低阶函数，一阶函数和二阶函数，每个低阶函数用一阶电路来模拟，这些低阶函数的模拟电路连接起来实现高阶网络函数的模拟。运用图 1.8.4 实现二阶系统模拟。

（1）输入方波信号，幅度 $V_{P-P} = 2V$、频率为 200Hz，改变电阻 R_{w1} 使电路处于欠阻尼、临界阻尼和过阻尼三种情况。观察并描绘 V_h、V_b、V_t 点三组波形图。

（2）输入正弦信号，Vs 保持 1V 不变。频率在 100Hz～5kHz 范围内，任取 10 点以上，测绘出 V_h、V_b、V_t 的频率 f 与电压 V 的曲线（即幅频特性曲线），注意调节电阻 R_{w1} 值使其为 0，即为电路处于欠阻尼状态下进行测试，要求测出最大峰值电压及对应极点频率，此频率与"预习要求 2"中计算所得 ω_0 之间有多大误差？

五、仪器设备

1. 示波器。
2. 数字万用表。
3. 函数信号发生器。
4. 直流稳压电源。

5. 交流毫伏表。
6. 信号与系统实验箱。

六、注意事项

测绘频率特性曲线时,应随时检测信号源输出电压并保持恒定。

七、报告要求

整理实验中观察到的各种波形,绘出各种情况下的模拟装置的频率特性曲线,写出相应的实验结论。

实验九 系统时域响应的模拟解法

一、实验目的

1. 掌握求解系统时域响应的模拟解法。
2. 研究系统参数变化对响应的影响。

二、实验原理

1. 为了求解系统的响应,需建立系统的微分方程,通常实际系统的微分方程可能是一个高阶方程或者是一个一阶的微分方程组,求解都很费时间甚至是很困难。由于描述各种不同系统(如电系统、机械系统)的微分方程有相似之处,因而可以用电系统来模拟各种非电系统,并能获得该实际系统响应的模拟解。系统微分方程的解(输出的瞬态响应),通过示波器就可显示出来。

下面以二阶系统为例,说明二阶常微分方程模拟解的求法。式(9-1)为二阶齐次微分方程,式中 y 为系统的被控制量,x 为系统的输入量。图 1.9.1 为式(9-1)的模拟电路图。

$$y'' + a_1 y' + a_0 y = x \quad (9\text{-}1)$$

由该模拟电路得:

$$u_1 = -\int \left(\frac{1}{R_{11}C_1} u_i + \frac{1}{R_{12}C_1} u_3 + \frac{1}{R_{13}C_1} u_1 \right) dt = -\int \frac{1}{R_2 C_2} u_1 dt = -\int K_2 u_1 dt$$

$$u_2 = -\int (K_{11} u_i + K_{12} u_2 + K_{13} u_1) dt$$

$$u_3 = -\frac{R_{32}}{R_{31}} u_2 = -K_3 u_2$$

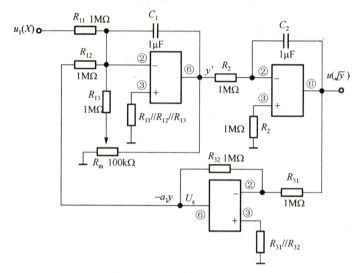

图 1.9.1　二阶系统模拟电路

上述三式经整理后为：

$$\frac{du_2^2}{dt^2} + K_{13}\frac{du_2}{dt} + K_{12}K_2K_3u_2 + K_{11}K_2K_3u_2 = K_{11}K_2u_i \tag{9-2}$$

式中

$$K_{12} = \frac{1}{R_{12}C_1},\ K_{11} = \frac{1}{R_{11}C_1},\ K_2 = \frac{1}{R_2C_2},\ K_{13} = \frac{1}{R_{13}C_1},\ K_3 = \frac{R_{32}}{R_{31}}$$

式（9-2）与式（9-1）相比得：

$$\begin{cases} K_{13} = a_1 \\ K_{12}K_2K_3 = a_0 \\ K_1K_2 = b \end{cases}$$

一物理系统如图 1.9.2 所示，摩擦系数 $\mu = 0.2$，弹簧的倔强系数（或弹簧刚度）$k = 100\text{N/m}$（牛/米），物体质量 $M = 1\text{kg}$，令物体离开静止位置的距离为 y，且 $y_{(0)} = 1\text{cm}$，列出 y 变化的方程的方程式（提示：用 $F = Ma$ 列方程），显然，只要适当地选取模拟装置的元件参数，就能使模拟方程和实际系统的微分方程完全相同。

若令式（9-1）中的 $x = 0$，$a_1 = 0.2$，则式（9-1）改写为：

$$\frac{dy^2}{dt^2} + 0.2\frac{dy}{dt} + y = 0 \tag{9-3}$$

式中，y 表示位移，令在式（9-2）中只要输入 $u_i = 0$ 就能实现（将 R_{11} 接地），并

令 $k_{13} = 0.2$，$K_1K_2K_3 = 1$ 即可。可选 $C_1 = 1\mu F$、$R_{13} = R_{12} = R_{11} = 1M\Omega$。并在 R_{13} 之前加一分压电位器 R_W 可使系数等于 0.2，且 $K_2 = K_{12} = K_3 = 1$。

2. 模拟量比例尺的确定，考虑到实际系统响应的变化范围可能很大，持续时间也可能很长，运算放大器输出电压，在-10～+10V 之间变化。积分时间受 RC 元件数值的限制也不可能太大，因此要合理地选择变量的比例尺度 M_y 和时间比例尺度 M_t，使得

$$U_0 = M_y y, \qquad t_m = M_t t$$

式中，y 和 t 为实际系统方程中的变量和时间，U_0 和 t_m 为模拟方程中的变量和时间。对式（9-3），如选 $M_y = 10V/cm$、$M_t = 1$，则表示模拟解第 10 秒相当于实际时间的 1 秒。

3. 求解二阶微分方程时，需要了解系统的初始状态 $y(0)$ 和 $y'(0)$。同样，在求解二阶微分方程的模拟解时，也需要假设两个初始条件，设式（9-3）的初始条件为：

$$y(0) = 1(cm)$$
$$y'(0) = 0$$

按选定的比例尺度可知，$U_2(0) = M_y \cdot y(0) = 10V$，$V_1(0) = M_y \cdot y'(0) = 0V$。分别对应于图 1.9.1 中两个积分器的电容 C_2 充电到 10V，C_1 保持 0V。初始电压的建立如图 1.9.3 所示。

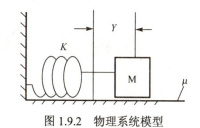

图 1.9.2 物理系统模型

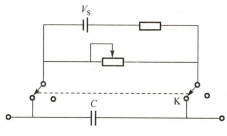

图 1.9.3 初始电压的建立

三、内容与步骤

1. 在本实验箱中的自由布线区设计实验电路。
2. 利用电容充电,建立方程的初始条件。
3. 观察模拟装置的响应波形,即模拟方程的解。按照比例可以得到实际系统的响应。
4. 改变电位器 R_W 和 R_4 与 R_3 的比值以及初始电压的大小和极性,观察响应的变化。
5. 模拟系统的零状态响应(即 R_{11} 不接地,初始状态都为零),在 R_{11} 处输入阶跃信号,观察其响应。

四、仪器设备

1. 双踪示波器。
2. 信号与系统实验箱。

五、报告要求

1. 绘出所观察到的各种模拟响应的波形,将其中零输入响应与计算微分方程的结果相比较。
2. 归纳和总结用基本运算单元求解系统时域响应的要点。

实验十 二阶网络状态轨迹显示

一、实验目的

1. 观察 RLC 网络在不同阻尼比 ξ 值时的状态轨迹。
2. 熟悉状态轨迹与相应瞬态响应性能间的关系。
3. 掌握同时观察两个无公共接地端电信号的方法。

二、实验原理

1. 任何变化的物理过程在每一时刻所处的"状态",都可以概括地用若干个被称为"状态变量"的物理量来描述。例如,一辆汽车可以用它在不同时刻的速度和位移来描述它所处的状态。对于电路或控制系统,同样可以用状态变量来表征。如图 1.10.1 所示的 RLC 电路,基于电路中有两个储能元件,因此该电路独立的状态变量有两个，如选 u_C 和 i_L 为状态变量，则根据该电路的列写回路方程：

$$i_L R + L\frac{di_L}{dt} + u_C = u_i \quad (10\text{-}1)$$

求得相应的状态方程为：

$$i'_L = -\frac{1}{L}u_C - \frac{R}{L}i_L + \frac{1}{L}u_i$$

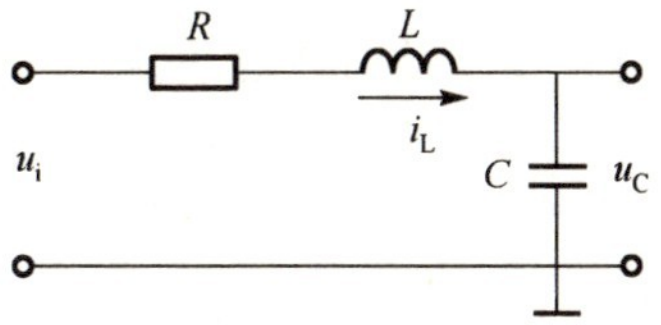

图 1.10.1　RLC 电路

不难看出，当已知电路的激励电压 u 和初始条件 $i_L(t_0)$、$u_C(t_0)$，就可以唯一确定 $t \geqslant t_0$ 时，该电路的电流和电容两端的电压 u_C。"状态变量"的定义是能描述系统动态行为的一组互相独立的变量，这组变量的元素称为"状态变量"。由状态变量为分量组成的空间称为状态空间。如果已知 t_0 时刻的初始状态 $x(t_0)$，在输入量 u 的作用下，随着时间的推移，状态向量 $x(t)$ 的端点将连续地变化，从而在状态空间中形成一条轨迹线，称为状态轨线。一个 n 阶系统，只能有 n 个状态变量，不能多也不可少。

为便于用双踪示波器直接观察到网络的状态轨迹，本实验仅研究二阶网络，它的状态轨迹可在二维状态平面上表示。

2. 不同阻尼比 ξ 时，二阶网络的状态轨迹不同。

将

$$i_L = c\frac{du_C}{dt} \quad (10\text{-}2)$$

代入式（10-1）中，得：

$$LC\frac{d^2 u_C}{dt^2} + RC\frac{du_C}{dt} + u_C = u_i$$

$$\frac{d^2 u_C}{dt^2} + \frac{R}{L}\frac{du_C}{dt} + \frac{1}{LC}u_C = \frac{1}{LC}u_i \quad (10\text{-}3)$$

二阶网络标准化形成的微分方程为：

$$\frac{d^2 u_C}{dt^2} + 2\xi\omega_n \frac{du_C}{dt} + \omega_n^2 u_C = \omega_n^2 u_i \quad (10\text{-}4)$$

比较式（10-3）和式（10-4），得：

$$\omega_n = \frac{1}{\sqrt{LC}}, \quad \xi = \frac{R}{L}\sqrt{\frac{C}{L}} \tag{10-5}$$

由式（10-5）可知，改变 R、L 和 C，使电路分别处于 $\xi = 0$、$0<\xi<1$ 和 $\xi>1$ 三种状态。根据式（10-2），可直接解得 $u_C(t)$ 和 $i_L(t)$。如果 t 为参变量，求出 $i_L = f(u_C)$ 的关系，并把这个关系，画在 u_C-i_L 平面。显然，后者同样能描述电路的运动情况。图 1.10.2、图 1.10.3 和图 1.10.4 分别画出了过阻尼、欠阻尼和无阻尼三种情况下，$i_L(t)$、$u_C(t)$ 与 t 的曲线以及 u_C 与 i_L 的状态轨迹。

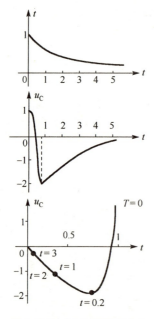

图 1.10.2　RLC 电路在 $\xi>1$

（过阻尼）时的状态轨迹

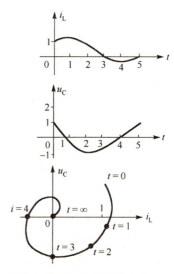

图 1.10.3　RLC 电路在 $0<\xi<1$

（欠阻尼）时的状态轨迹

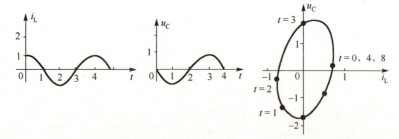

图 1.10.4　RLC 电路在 $\xi = 0$（无阻尼）时的状态轨迹

实验原理电路如图 1.10.5 所示，U_R 与 U_L 成正比，只要将 U_R 和 U_C 加到示波器的两个输入端，其李萨如图形即为该电路的状态轨迹，但示波器的两个输入有一个共地端，而图 1.10.5 的 U_R 与 U_C 连接取得一个共地端，因此必须将 U_C 通过如图 1.10.6 的减法器，将两端输入变为与 U_R 一个公共端的单端输出。这样，电容两端的电压 U_R 和 U_C 有一个公共接地端，从而能正确地观察该电路的状态轨迹。

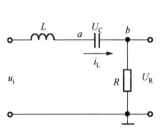 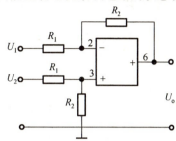

图 1.10.5　实验原理电路图　　　　图 1.10.6　减法器电路图

三、预习要求

1. 熟悉用双踪示波器显示李萨如图形的接线方法。
2. 确定所实验网络的状态变量，在不同电阻值时，状态轨迹的形状是否相同。

四、内容及步骤

1. TKSS-C 型实验箱中，观察状态轨迹是采用了一种简易的方法，如图 1.10.7 所示，由于该电路中的电阻值很小，在 b 点电压仍表现为容性，因此电容两端的电压分别引到示波器 x 轴和 y 轴，就能显示电路的状态轨迹。

2. 调节电阻（或电位器），观察电路在 $\xi = 0$、$0<\xi<1$ 和 $\xi>1$ 三种情况下的状态轨迹。

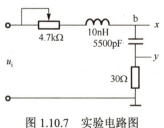

图 1.10.7　实验电路图

五、仪器设备

1. 信号与系统实验箱。
2. 双踪示波器。

六、思考题

什么状态轨迹能表征系统（网络）瞬态响应的特征？

七、报告要求

绘制由实验观察到的 $\xi=0$、$0<\xi<1$ 和 $\xi>1$ 三种情况下的状态轨迹，并加以分析归纳与总结。

实验十一　抽样定理

一、实验目的

1. 了解电信号的采样方法与过程以及信号恢复的方法。
2. 验证抽样定理。

二、实验原理

1. 离散时间信号可以从离散信号源获得，也可以从连续时间信号抽样而得。抽样信号 $f_s(t)$ 可以看成连续信号 $f(t)$ 和一组开关函数 $s(t)$ 的乘积。$s(t)$ 是一组周期性窄脉冲，见实验图 1.11.1，T_s 称为抽样周期，其倒数 $f_s=1/T_s$ 称为抽样频率。

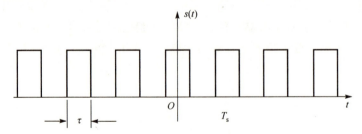

图 1.11.1　矩形抽样脉冲

对抽样信号进行傅里叶分析可知，抽样信号的频率包括了原连续信号以及无限个经过平移的原信号频率。平移的频率等于抽样频率 f_s 及其谐波频率 $2f_s$、$3f_s$ 等。当抽样信号是周期性窄脉冲时，平移后的频率幅度按 $\dfrac{\sin X}{X}$ 规律衰减。抽样信号的频谱是原信号频谱周期的延拓，它占有的频带要比原信号频带宽得多。

测得了足够的实验数据以后，可以在坐标纸上把一系列数据点连起来，得到一条光滑的曲线一样，抽样信号在一定条件下也可以恢复到原信号。只要用一截止频率等于原信号频谱中最高频率 f_n 的低通滤波器,滤除高频分量,经滤波后得到的信号包含原信号频谱的全部内容,在低通滤波器的输出端可以得到恢复后的原信号,如图 1.11.2 所示。

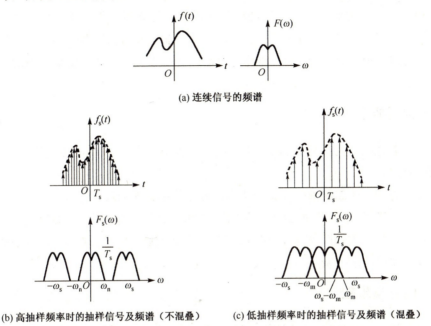

图 1.11.2 抽样频率

2. 原信号得以恢复的条件是 $f_s \geqslant 2B$,其中 f_s 为抽样频率,B 为原信号占有的频带宽度。而 $f_{min} = 2B$ 为最低抽样频率,又称"奈奎斯特抽样率"。当 $f_s < 2B$ 时,抽样信号的频谱会发生混叠,从发生混叠后的频谱中无法用低通滤波器获得原信号频谱的全部内容。在实际应用中,仅包含有限频率的信号是极少的,因此即使 $f_s = 2B$,恢复后的信号失真还是难免的。图 1.11.2(b)画出了当抽样频率 $f_s > 2B$(不混叠时)及 $f_s < 2B$(混叠时)两种情况下冲激抽样信号的频谱。

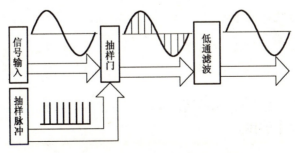

图 1.11.3 抽样定理实验原理方框图

实验中，选用 $f_s<2B$、$f_s = 2B$、$f_s>2B$ 三种抽样频率对连续信号进行抽样，以验证抽样定理。可以看出：要使信号采样后能不失真地还原，抽样频率 f_s 必须大于信号频率中最高频率的两倍。

3．为了实现对连续信号的抽样和抽样信号的恢复，用实验原理框图 1.11.3 的方案。除选用足够高的抽样频率外，常采用前置低通滤波器来防止原信号频谱过宽而造成抽样后信号频谱的混叠，但这也会造成失真。如果实验选用的信号频带较窄，则可不设前置低通滤波器。

三、预习要求

1．若连续时间信号为 50Hz 正弦波，开关信号为 $T_s = 0.5\text{ms}$ 的窄脉冲，试求抽样后信号 $f_s(t)$。

2．设计一个二阶 RC 低通滤波器，截止频率为 5kHz。

3．若连续时间信号取 200~300Hz 正弦波，计算其有效的频带宽度。该信号经频率为 f_s 的周期脉冲抽样后，若希望通过低通滤波后的信号失真较小，则抽样频率和低通滤波器的截止频率应取多大，试设计以满足上述要求的低通滤波器。

四、内容及步骤

1．按"预习要求 3"的计算结果将 $f(t)$ 和 $s(t)$ 送入抽样器，观察正弦波经抽样后的方波或三角波信号。

2．改变抽样频率为 $f_s \geq 2B$ 和 $f_s < 2B$，观察复原后的信号，比较其失真程度。

3．若原信号为方波或三角波，可用示波器观察到离散的抽样信号，但由于本装置难以实现一个理想的低通滤波器以及高频窄脉冲（即冲激函数），因此方波或三角波的离散信号经低通滤波器后能观测到它的基波分量，无法恢复原信号。

五、仪器设备

1．信号与系统试验箱。
2．双踪示波器。

六、报告要求

1．整理并绘出原信号、抽样信号以及复原信号的波形，得到什么结论？
2．实验调试中的体会。

第二章　信号与系统 MATLAB 实验

实验一　信号生成与运算的实现

一、实验目的

1. 熟悉 MATLAB 软件使用环境。
2. 熟悉 MATLAB 软件常用指令的使用。
3. 掌握用 MATLAB 来产生信号以及信号的表示方法。
4. 掌握在 MATLAB 中绘制信号波形的方法。

二、实验原理

信号一般是随时间而变化的某些物理量。按照自变量的取值是否连续，信号分为连续时间信号和离散时间信号，一般用 $f(t)$ 和 $f(k)$ 来表示。若对信号进行时域分析，就需要绘制其波形，如果信号比较复杂，则手工绘制波形就变得很困难，且难以精确。MATLAB 强大的图形处理功能及符号运算功能，为实现信号的可视化及其时域分析提供了强有力的工具。

根据 MATLAB 的数值计算功能和符号运算功能，在 MATLAB 中，信号有两种表示方法，一种是用向量来表示的，另一种则是用符号运算的方法。在采用适当的 MATLAB 语句表示出信号后，就可以利用 MATLAB 中的绘图命令绘制出直观的信号波形了。下面分别介绍连续时间信号和离散时间信号的 MATLAB 表示及其波形绘制方法。

三、预习要求

1. 函数 square()

功能：产生周期为 2、幅值为 1 的方波信号。
调用格式：x=square(t)　　x=square(t, duty)
其中，t 为时间向量；duty 为正幅值部分占周期的百分比。

2. 函数 subplot()

当需要在同一个图形中显示不同坐标刻度的两个图形时，可以采用将一个图形分隔为几个子窗口的方法来进行，调用格式为：

subplot(m, n, k)

其中，m 和 n 分别表示图形窗口将分隔成 m 行 n 列的子窗口，k 表示将第 k 个子窗口作为当前的操作窗口。

3．函数 plot()

用于绘制二维 x-y 坐标图形，其调用格式为：

plot(x, y)

四、内容与步骤

信号生成程序如下。

（1）正弦波函数：$y=\sin(t)$

```
m11.m
clear;                      %清屏
t=0:0.001:50;               %定义 t 的时间范围
y=sin(2*pi*50*t);
plot(t(1:50), y(1:50));     %绘图
```

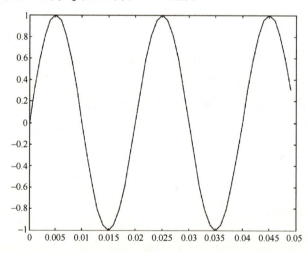

（2）实现信号：$f(t) = S_a(t) = \dfrac{\sin t}{t} (t = \pm 3\pi)$

$$f(t) = S_a(t) = \frac{\sin t}{t} = \frac{\sin\left(\pi \dfrac{t}{\pi}\right)}{\pi \dfrac{t}{\pi}} = \frac{\sin(\pi t')}{\pi t'} = \sin c(t')$$

```
m12.m
t=-3*pi:0.01*pi:3*pi;      %定义时间范围向量 t
f=sinc(t/pi);              %计算 Sa(t)函数
plot(t, f);                %绘制 Sa(t)的波形
```

运行结果:

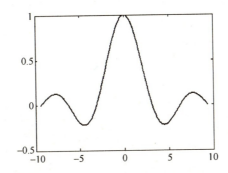

(3) 模拟信号生成函数

产生幅值为 1 的周期性方波,周期为 2s,脉冲宽度为 1s。

```
m13.m
clf;                       %清图形窗口
x=[0: 0.01: 10];
y=square(pi*x);
plot(x, y);
axis([0, 10, -2, 2]);
title('square'); xlabel('x'); ylabel('y');
```

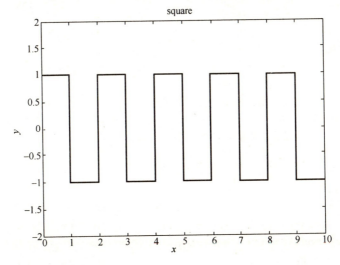

（4）方波信号的分解及合成

```
m14.m
t=0:0.1:10;
y1=sin(t);subplot(3, 1, 1), plot(t, y1)
y2=sin(t)+sin(3*t)/3;subplot(3, 1, 2), plot(t, y2)
y3=sin(t)+sin(3*t)/3+sin(5*t)/5+sin(7*t)/7+sin(9*t)/9;
subplot(3, 1, 3), plot(t, y3);
```

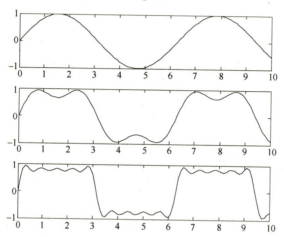

（5）两个正弦信号的叠加

```
m15.m
clear;
t=(-1:0.001:1);
x=0.5*sin(2*pi*20*t);
y=2*sin(2*pi*20*t);
z=x+y;
plot(t, x, '+', t, y, '*', t, z);
        %绘制x(t), y(t), z(t)的图像, 线形分别为"+"、"*"和直线
axis([-0.5, 0.5, -3, 3]);
        %设置横、纵坐标的区间为[-0.5, 0.5], [-3, 3]
legend('x=0.5*sin(2*pi*20*t)', 'y=2*sin(2*pi*2*t)', 'z=x+y');
        %设置说明框内容在信号中加入噪声信号
```

（6）信号相加：$f(t) = \cos 18\pi t + \cos 20\pi t$

```
m16.m
syms t;                                    %定义符号变量t
f=cos(18*pi*t)+cos(20*pi*t);               %计算符号函数
f(t)=cos(18*pi*t)+cos(20*pi*t)
ezplot(f, [0 pi]);                         %绘制f(t)的波形
```

运行结果：

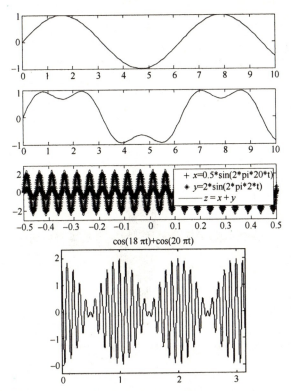

(7) 信号的调制： $f(t) = (2 + 2\sin 4\pi t)\cos 50\pi t$

```
m17.m
syms t;                              %定义符号变量t
f=(2+2*sin(4*pi*t))*cos(50*pi*t)
                                     %计算符号函数
f(t)=(2+2*sin(4*pi*t))*cos(50*pi*t)
ezplot(f, [0 pi]);                   %绘制f(t)的波形
```

运行结果：

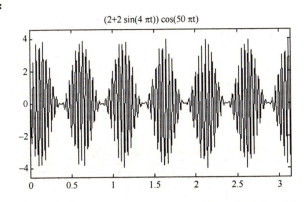

(8) 信号相乘: $f(t) = \text{sinc}(t) \cdot \cos(20\pi t)$

```
m18.m
t=-5:0.01:5;                              %定义时间范围向量
f=sinc(t).*cos(20*pi*t);                  %计算函数 f(t)=sinc(t)*cos(20*pi*t)
plot(t, f);                               %绘制 f(t)的波形
title('sinc(t)*cos(20*pi*t)');            %加注波形标题
```

运行结果:

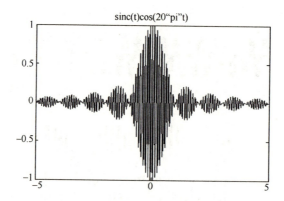

(9) 生成采样频率是 1000Hz 的时域信号并画出图形

```
m19.m
clear;
t=(0:0.001:1)';
y=sin(2*pi*50*t)+3*cos(2*pi*100*t);
plot(t(1:50), y(1:50));                   %给出变量前 50 个点的图像
axis([0, 0.05, -4, 3]);
```

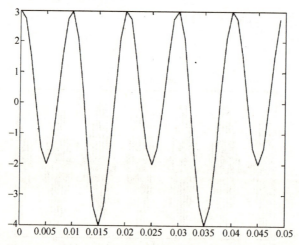

(10) 在生成的信号里面加入噪声干扰,分别画出噪声信号和加入噪声后的信号。

```
m110.m
clear;
t=(0:0.001:1)';
y=sin(2*pi*50*t)+3*cos(2*pi*100*t);
z=randn(size(t));
ym=y+z;
subplot(1, 2, 1);
plot(t(1:50), z(1:50));
subplot(1, 2, 2);
plot(t(1:50), ym(1:50));
```

(11) 读程序,写出信号的表达式

```
m111.m
clear;          %清屏
t0=0;tf=5;dt=0.005;t1=1.5;t=[t0:dt:tf];     %定义信号时间范围
st=length(t);
n1=floor((t1-t0)/dt);          %确定信号出现时刻
x1=zeros(1, st);               %定义信号 x1 并作出信号波形
x1(n1)=1/dt;
subplot(2, 2, 1), stairs(t, x1)
axis([0, 5, 0, 2/dt])
x2=[zeros(1, n1-100), ones(1, st-n1+100)];%定义信号 x2 并作出波形图
subplot(2, 2, 3), stairs(t, x2)
axis([0, 5, 0, 1.1])
t2=[-5:0.005:5];               %确定信号 x3、x4 及它们对应的时间范围
```

```
x3=pi*sinc(t2);
x4=exp(-t2);
subplot(2, 2, 2), plot(t2, x3)      %作图
subplot(2, 2, 4), plot(t2, x4)
```

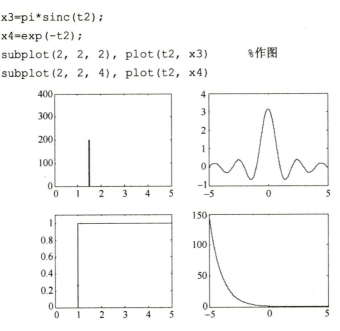

五、报告要求

1. 观察并记录内容与步骤中各实验结果。
2. 写出实验体会和实验过程中出现的问题及解决方法。
3. 写出实验参考程序中各部分的功能。

实验二 连续系统的时域分析

一、实验目的

1. 学习利用 MATLAB 软件实现系统时域输入—输出分析法。
2. 观察和掌握各种常用信号卷积后的结果。
3. 利用 MATLAB 实现微分、差分方程的求解。
4. 利用 MATLAB 实现系统的冲激响应和阶跃响应分析。

二、实验原理

在连续线性时不变因果（LTI）系统的时域分析中，可以通过经典的求解微分方程的方法；同样在离散线性时不变（LTI）系统的时域分析中，也可以利用经典的差分方程求解法。这两种方法都是通过求解方程的齐次解和特解得到的。无论

哪种方法，都需要经过精确、烦琐的数学计算，在高等数学课中都有详细介绍，这里不再赘述。

若已知系统的输入信号及初始状态，便可以用微分方程的经典时域求解方法，求出系统的响应。但是对于高阶系统，手工计算这一问题的过程非常困难和烦琐。在 MATLAB 中，应用 lsim()函数很容易就能对上述微分方程所描述的系统的响应进行仿真，求出系统在任意激励信号作用下的响应。lsim()函数不仅能够求出连续系统在指定的任意时间范围内系统响应的数值解，而且还能同时绘制出系统响应的时域波形图。

在 LTI 系统的时域分析中，除了可以利用经典方法求解某些系统的零状态响应外，还可以利用卷积积分求解系统的零状态响应。这就需要求解系统的单位冲激响应和单位阶跃响应。单位冲激响应 $h(t)$定义为系统初始状态为零，系统在冲激函数 $\delta(t)$作用下所产生的零状态响应，即 $h(t)=T[\{0\}, \delta(t)]$，其中 T 为系统的变换算子。而系统在任意激励 $f(t)$作用下所形成的零状态响应 $y_f(t)$，定义为在初始状态为零、系统只在激励信号 $f(t)$作用下所产生的输出，若该系统的单位冲激响应为 $h(t)$，则系统的零状态响应：

$$y_f(t) = f(t) * h(t) = \int_{-\infty}^{t} f(\tau) \cdot h(t-\tau) \mathrm{d}\tau$$

系统的单位冲激响应 $h(t)$包含了系统的固有特性，它是由系统本身的结构及参数所决定的，与系统的输入无关。只要知道了系统的冲激响应，即可求得系统在不同激励下产生的响应。因此，求解系统的冲激响应 $h(t)$对我们进行连续系统的分析具有非常重要的意义。单位阶跃响应 $g(t)$定义为系统初始状态为零且在单位阶跃信号 $\varepsilon(t)$作用下产生的零状态响应，即 $g(t)=T[\{0\}, \varepsilon(t)]$，如图 2.1.1 所示。

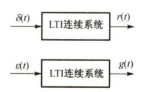

图 2.1.1　LTI 连续系统冲激响应和阶跃响应示意图

在 MATLAB 中有专门用于求解连续系统冲激响应和阶跃响应并绘制其时域波形的函数 impulse() 和 step()。引入 MATLAB 以后，利用有限的几个函数就可以将方程的输入—输出关系求出，并且可以用图形的方式表达，从而方便、直接地观察系统的时域特性。

三、预习要求

1. 函数 lsim()

函数 lsim 能对由下列形式的微分方程求解

$$\sum_{k=0}^{N} a_k \frac{\mathrm{d}^k y(t)}{\mathrm{d}t^k} = \sum_{m=0}^{M} b_m \frac{\mathrm{d}^m x(t)}{\mathrm{d}t^m}$$

注意，系数 a_k 和 b_m 必须被存入 MATLAB 向量和中，并且在序号 k 和 m 上以递增的次序存入。

根据系统有无初始状态，lsim()函数有如下两种调用格式。

（1）系统无初态时，调用 lsim()函数可求出系统的零状态响应，其格式如下：

lsim(b, a, x, t)，绘出由向量 a 和 b 所定义的连续系统在输入为 x 和 t 所定义的信号时，系统零状态响应的时域仿真波形，且时间范围与输入信号相同。a 和 b 是由描述系统的微分方程系数决定的表示该系统的两个行向量；x 和 t 表示输入信号的行向量，其中 t 是输入信号时间范围的向量，x 则是输入信号对应于向量 t 所定义的时间点上的取样值。

y=lsim(b, a, x, t)，与前面的 impulse 和 step 函数类似，该调用格式并不绘制出系统的零状态响应曲线，而只是求出与向量 t 定义的时间范围相一致的系统零状态响应的数值解。

（2）系统有初始状态时，调用 lsim()函数可求出系统的全响应，格式如下：

lsim(A, B, C, D, e, t, X0)，绘出由系数矩阵 A, B, C, D 所定义的连续时间系统在输入为 e 和 t 所定义的信号时，系统输出函数的全响应的时域仿真波形。t 为表示输入信号时间范围的向量，e 则是输入信号 e(t)对应于向量 t 所定义的时间点上的取样值，X0 表示系统状态变量 X=[x1, x2, …, xn]在 t=0 时刻的初值。

[Y, X]=lsim(A, B, C, D, e, t, X0)，不绘出全响应波形，而只是求出与向量 t 定义的时间范围相一致的系统输出向量 Y 的全响应以及状态变量 X 的数值解。

显然，函数 lsim()对系统响应进行仿真的效果取决于向量 t 的时间间隔的密集程度，t 的取样时间间隔越小则响应曲线越光滑，仿真效果也越好。

2. 函数 subplot()

当需要在同一个图形中显示不同坐标刻度的两个图形时，可以采用将一个图形分隔为几个子窗口的方法来进行，调用格式为：

```
    subplot(m, n, k)。
```

其中，m 和 n 分别表示图形窗口将分隔成 m 行 n 列的子窗口，k 表示将第 k 个子窗口作为当前的操作窗口。

3. 函数 plot()

用于绘制二维 x-y 坐标图形，其调用格式为：

plot(x, y)。

4. 函数 conv()

该函数用来求两个函数 f1 和 f2 的卷积，调用格式为：conv(f1, f2)

5. 函数 sconv()

```
function  [y, k]=sconv(f, h, nf, nh, p)
%此函数用于计算连续信号的卷积 y(t)=f(t)*h(t)
%y:卷积积分 y(t)对应的非零样值向量
%k:y(t)对应的时间向量
%f:f(t)对应的非零样值向量
%nf:f(t)对应的时间向量
%h:h(t)对应的非零样值向量
%nh:h(t)对应的时间向量
%p:取样时间间隔
```

6. 函数 impulse()

函数 impulse()将绘制出由向量 a 和 b 所表示的连续系统在指定时间范围内的单位冲激响应 $h(t)$ 的时域波形图，并能求出指定时间范围内冲激响应的数值解。

impulse(b, a)，以默认方式绘出由向量 a 和 b 所定义的连续系统的冲激响应的时域波形。

impulse(b, a, t0)，绘出由向量 a 和 b 所定义的连续系统在 0～t0 时间范围内冲激响应的时域波形。

impulse(b, a, t1:p:t2)，绘出由向量 a 和 b 所定义的连续系统在 t1～t2 时间范围内，并且以时间间隔 p 均匀取样的冲激响应的时域波形。

y=impulse(b, a, t1:p:t2)，只求出由向量 a 和 b 所定义的连续系统在 t1～t2 时间范围内，并且以时间间隔 p 均匀取样的冲激响应的数值解，但不绘出其相应波形。

7. 函数 step()

函数 step()将绘制出由向量 a 和 b 所表示的连续系统的阶跃响应,在指定的时间范围内的波形图,并且求出数值解。和 impulse()函数一样,step()也有如下四种调用格式:

```
step( b, a)
step(b, a, t0)
step(b, a, t1:p:t2)
y=step(b, a, t1:p:t2)
```

上述调用格式的功能和 impulse()函数完全相同,所不同只是所绘制(求解)的是系统的阶跃响应 g(t),而不是冲激响应 h(t)。

四、内容和步骤

1. 某系统的输入—输出描述方程为:

$$\frac{\mathrm{d}y(t)}{\mathrm{d}t} = -\frac{1}{2}y(t) + x(t)$$

```
m21.m
t=[0:10];                    %确定信号时间范围
x=ones(1, length(t));        %定义输入信号形式
b=1;                         %方程描述
aa=[1  0.5];
s=lsim(b, aa, x, t);         %方程求解
plot(t, s, 'y-')             %系统输出信号波形绘制
```

2. 卷积实现

```
m22.m
t1=0:0.001:10;
f1=exp(-t1).*(t1>0);
f2=exp(-2*t1).*(t1>0);
c=conv(f1, f2);
t2=-10:0.001:10;
subplot(3, 1, 1), plot(t1, f1, 'r-');
subplot(3, 1, 2), plot(t1, f2, 'b-');
subplot(3, 1, 3), plot(t2, c, 'g-');
```

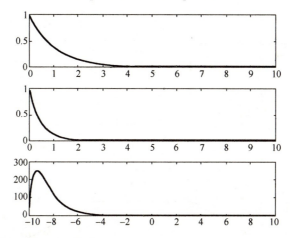

3. 实现卷积 $f(t)*h(t)$，其中：

$$f(t)=2[\varepsilon(t)-\varepsilon(t-1)], h(t)=\varepsilon(t)-\varepsilon(t-2)$$

```
m23.m
p=0.01;                          %取样时间间隔
nf=0:p:1;                        %f(t)对应的时间向量
f=2*((nf>=0)-(nf>=1));           %序列f(n)的值
nh=0:p:2;                        %h(t)对应的时间向量
h=(nh>=0)-(nh>=2);               %序列h(n)的值
[y, k]=sconv(f, h, nf, nh, p);   %计算y(t)=f(t)*h(t)
subplot(3, 1, 1),
stairs(nf, f);                   %绘制f(t)的波形
title('f(t)');
axis([0 3 0 2.1]);
subplot(3, 1, 2),
stairs(nh, h);                   %绘制h(t)的波形
```

```
title('h(t)');
axis([0 3 0 1.1]);
subplot(3,1,3),plot(k,y);          %绘制y(t)=f(t)*h(t)的波形
title('y(t)=f(t)*h(t)');
axis([0 3 0 2.1]);
y=conv(f,h);                       %计算序列f(n)与h(n)的卷积和y(n)
y=y*p;                             %y(n)变成y(t)
left=nf(1)+nh(1);                  %计算序列y(n)非零样值的起点位置
right=length(nf)+length(nh)-2;     %计算序列y(n)非零样值的终点位置
k=p*(left:right);                  %确定卷积和y(n)非零样值的时间向量
```

运行结果：

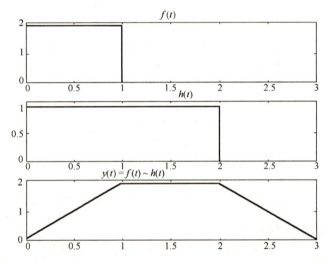

4. 实现卷积 $f(t)*h(t)$，其中：

$$f(t)=2[\varepsilon(t)-\varepsilon(t-2)], h(t)=e^{-t}\varepsilon(t)$$

```
m24.m
p=0.01;                            %取样时间间隔
nf=0:p:2;                          %f(t)对应的时间向量
f=2*((nf>=0)-(nf>=2));             %序列f(n)的值
nh=0:p:4;                          %h(t)对应的时间向量
h=exp(-nh);                        %序列h(n)的值
[y,k]=sconv(f,h,nf,nh,p);          %计算y(t)=f(t)*h(t)
subplot(3,1,1),
stairs(nf,f);                      %绘制f(t)的波形
title('f(t)');
axis([0 6 0 2.1]);
```

```
subplot(3, 1, 2), plot(nh, h);        %绘制h(t)的波形
title('h(t)');axis([0 6 0 1.1]);
subplot(3, 1, 3), plot(k, y);         %绘制y(t)=f(t)*h(t)的波形
title('y(t)=f(t)*h(t)');
axis([0 6 0 2.1]);
```

运行结果：

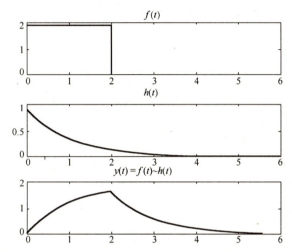

5. 设方程 $y''(t)+5y'(t)+6y(t)=2e^{-t}\varepsilon(t)$，试求零状态响应 $y(t)$

```
m25.m:
yzs=dsolve('D2y+5*Dy+6*y=2*exp(-t)', 'y(0)=0, Dy(0)=0')
ezplot(yzs, [0 8]);
```

运行结果：

```
yzs=exp(-t)+exp(-3*t)-2*exp(-2*t)
```

即：$y(t) = (e^{-t} - 2e^{-2t} + e^{-3t})\varepsilon(t)$

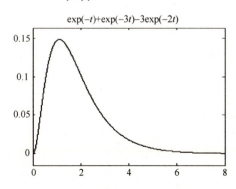

6. 已知二阶系统方程 $u_C''(t)+\dfrac{R}{L}u'(t)+\dfrac{1}{LC}u_C(t)=\dfrac{1}{LC}\delta(t)$

对下列情况分别求 $h(t)$，并画出其波形。

a. $R=4\Omega$，$L=1H$，$C=1/3F$
b. $R=2\Omega$，$L=1H$，$C=1F$
c. $R=1\Omega$，$L=1H$，$C=1F$
d. $R=0\Omega$，$L=1H$，$C=1F$

```
m26.m
R=input('电阻 R=');  %以交互方式输入电阻 R 的值
L=input('电感 L=');  %以交互方式输入电感 L 的值
C=input('电容 C=');  %以交互方式输入电容 C 的值
b=[1/(L*C)];
a=[1 R/L 1/(L*C)];
impulse(b, a);
```

运行结果：

a. 电阻 $R=4\Omega$，电感 $L=1$，电容 $C=1/3F$。

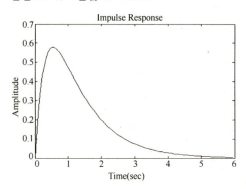

b. 电阻 $R=2\Omega$，电感 $L=1H$，电容 $C=1F$。

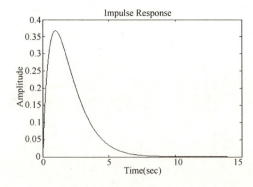

c. 电阻 $R=1\Omega$,电感 $L=1H$,电容 $C=1F$。

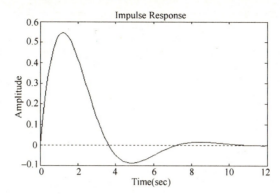

d. 电阻 $R=0\Omega$,电感 $L=1H$,电容 $C=1F$。

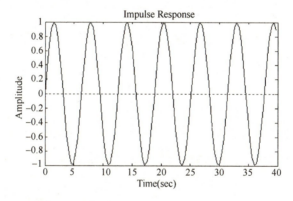

7. 冲激响应和阶跃响应程序

```
m27.m
close;
zeta=[0.1 0.2 0.4 0.7 1.0];
num=[1];
t=0:0.01:12;
for   k=1:5
den=[1 2*zeta(k) 1];
printsys(num, den, 's');
[y1(:, k), x]=step(num, den, t);
[y2(:, k), x]=impulse(num, den, t);
subplot(2, 1, 1), plot(t, y1(:, k));hold on
subplot(2, 1, 2), plot(t, y2(:, k));
end
```

运行结果：

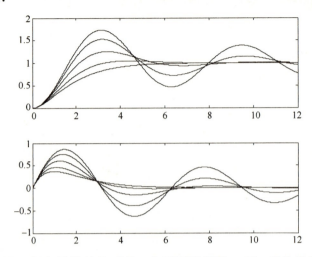

二阶系统是工程中最常见的系统，在不同阻尼比 ξ 下，系统的阶跃响应不同，二阶系统的传递函数为：

$$H(s) = \frac{\omega_n^2}{s^2 + 2\xi\omega_n s + \omega_n^2}$$

用参考程序作出其单位阶跃响应和冲激响应波形曲线（简单起见令 ω_n=1）。

自己构造一四阶以上连续系统函数，并求其阶跃响应和冲激响应波形。

五、报告要求

1. 观察并记录内容与步骤中各实验结果。
2. 若内容与步骤中给定系统增加一个 s=0 处零点，系统时域特性有什么变化？
3. 分析系统时域响应波形，得出系统时域参数（上升时间和误差）。
4. 写出实验体会，出现问题及解决方法。
5. 写出实验参考程序中各部分的功能。

实验三　连续信号、系统的频域分析

一、实验目的

1. 掌握运用 MATLAB 实现连续系统的频域分析的方法。
2. 掌握运用 MATLAB 绘制系统的频率特性曲线的方法。

二、实验原理

傅里叶变换是信号分析的最重要的内容之一。从已知信号 $f(t)$ 求出相应的频谱函数 $F(j\omega)$ 的数学表示为：

$$F(j\omega) = \int_{-\infty}^{\infty} f(t) \, e^{-j\omega t} dt$$

$f(t)$ 的傅里叶变换存在的充分条件是 $f(t)$ 在无限区间内绝对可积，即 $f(t)$ 满足下式：

$$\int_{-\infty}^{\infty} |f(t)| dt < \infty$$

但上式并非傅里叶变换存在的必要条件。在引入广义函数概念之后，使一些不满足绝对可积条件的函数也能进行傅里叶变换。傅里叶反变换的定义为：

$$f(t) = \frac{1}{2\pi} \int_{-\infty}^{\infty} F(j\omega) \, e^{j\omega t} d\omega$$

在这一部分的学习中，大家都体会到了这种数学运算的麻烦。在 MATLAB 语言中有专门对信号进行正反傅里叶变换的语句，使得傅里叶变换很容易在 MATLAB 中实现。在 MATLAB 中实现傅里叶变换的方法是利用 MATLAB 中的 Symbolic Math Toolbox 提供的专用函数直接求解函数的傅里叶变换和傅里叶反变换实现方法的原理。

直接调用专用函数法：

（1）在 MATLAB 中实现傅里叶变换的函数为：

  F=fourier(f)　　　　　对 f(t)进行傅里叶变换，其结果为 F(w)
  F=fourier(f, v)　　　　 对 f(t)进行傅里叶变换，其结果为 F(v)
  F=fourier(f, u, v)　　　对 f(u)进行傅里叶变换，其结果为 F(v)

（2）傅里叶反变换

  f=ifourier(F)　　　　　对 F(w)进行傅里叶反变换，其结果为 f(x)
  f=ifourier(F, u)　　　　对 F(w)进行傅里叶反变换，其结果为 f(u)
  f=ifourier(F, v, u)　　　对 F(v)进行傅里叶反变换，其结果为 f(u)

由于 MATLAB 中函数类型非常丰富，要想了解函数的意义和用法,可以用 help 命令。如在命令窗口输入"help fourier"回车，则会得到 fourier 的意义和用法。

注意：

（1）在调用函数 fourier()及 ifourier()之前，要用 syms 命令对所有需要用到的变量（如 t, u, v, w）等进行说明，即要将这些变量说明成符号变量。对 fourier() 中的 f 及 ifourier() 中的 F 也要用符号定义符 sym 将其说明为符号表达式。

（2）采用 fourier() 及 fourier() 得到的返回函数，仍然为符号表达式。在对其作图时要用 ezplot() 函数，而不能用 plot() 函数。

（3）fourier() 及 ifourier() 函数的应用有很多局限性，如果在返回函数中含有 $\delta(\omega)$ 等函数，则 ezplot() 函数也无法作出图来。另外，在用 fourier() 函数对某些信号进行变换时，其返回函数如果包含一些不能直接表达的式子，则此时当然也就无法作图了。这是 fourier() 函数的一个局限。

三、预习要求

绘制系统的频率特性曲线，常用到 MATLAB 工具箱中的 bode、nyquist、margin、nichols 和 logspace 函数。

1. bode 函数

bode 函数是绘制系统 $G(s) = \dfrac{\text{num}(s)}{\text{den}(s)}$ 对数频率特性曲线（伯德图）的函数，其格式如下：

bode（num，den），可绘出系统的对数频率特性曲线；

[mag，phase，w]=bode（num，den），是带输出变量引用函数的，可求出 w 取不同值时的幅频值 mag 和相频值 phase，不绘图，只给出数值；

[mag，phase，w]=bode（num，den，w），可得到指定频率值 w 时的幅值和相角值。通常可采用 logspace 函数指定频率 w 的范围，其格式如下：

```
w=logspace(a, b, n)
```

logspace（a，b，n）在十进制数 10^a 和 10^b 之间，产生 n 个在对数上有相等距离的点。例如，为了在 1rad 和 1000rad 之间产生 100 个点，可输入下列命令：

```
w=logspace(0, 3, 100)
```

2. margin 函数

margin 函数是求系统 $G(s) = \dfrac{\text{num}(s)}{\text{den}(s)}$ 截止频率、交界频率、幅值裕度和相角裕度，并绘制对数频率特性曲线的函数，格式如下：

```
margin(num, den)
```

需要指出，margin 函数与 bode 函数都是绘制对数频率特性曲线的函数，但用 margin 函数绘出的对数频率特性曲线中，给出了截止频率、交界频率、幅值裕度和相角裕度的值。

3. nyquist 函数

nyquist 函数是绘制系统 $G(s)=\dfrac{\text{num}(s)}{\text{den}(s)}$ 幅相曲线（奈氏曲线）的函数，其格式如下：

nyquist（num，den），可绘出系统的奈氏曲线；

[re，im，w]=nyquist（num，den）可求出 w 取不同值时的实频和虚频值；

[re，im，w]=nyquist（num，den，w），可求出某一指定 w 值时实频和虚频值。

4. nichols 函数

利用 nichols 函数可绘制系统的尼柯尔斯频率响应曲线。其格式如下：

nichols（num，den），可绘出系统的尼柯尔斯曲线。

（mag，phase，w）=nichols（num，den），可求出 w 取不同值时的幅频值 mag 和相频值 phase，不画图。

（mag，phase，w）=nichols（num，den，w），可求出指定 w 值时的幅值和相角值。

四、内容与步骤

1. 周期矩形脉冲如下，试求其幅度谱。

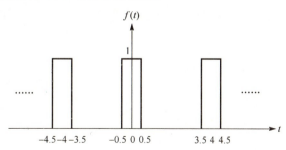

```
m31.m:
clear all;
syms t n T tao A ;
T=4;A=1;tao=1;
f=A*exp(-j*n*2*pi/T*t);
```

```
fn=int(f, t, -tao/2, tao/2)/T;    %计算傅里叶系数
fn=simple(fn);                     %化简
n=[-20:-1, eps, 1:20];             %给定频谱的整数自变量，eps 代表 0
fn=subs(fn, n, 'n');               %计算傅里叶系数对应各个 n 的值
subplot(2, 1, 1), stem(n, fn, 'filled');        %绘制频谱
line([-20 20], [0 0]);             %在图形中添加坐标线
title('周期矩形脉冲的频谱');
subplot(2, 1, 2), stem(n, abs(fn), 'filled');   %绘制频谱
title('周期矩形脉冲的幅度谱');
axis([-20 20 0 0.3]);
```

运行结果：

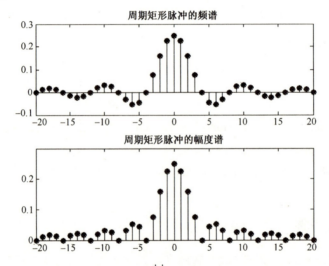

2. 三角波信号如下，即 $f(t)=1-\dfrac{|t|}{2}, -2 \leqslant t \leqslant 2$，试求其频谱 $F(\omega)$。

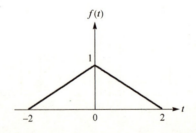

m32.m:
```
syms t w f ft;                     %定义符号变量
f=(1-(abs(t)/2));                  %三角波信号
ft=f*exp(-j*w*t);                  %计算被积函数
```

```
F=int(ft, t, -2, 2);              %计算傅里叶变换 F(w)
F=simple(F);F                     %化简
subplot(2, 1, 1), ezplot(f, [-2 2]);   %绘制三角波信号
axis([-3 3 0 1.1]);title('三角波信号');
subplot(2, 1, 2), ezplot(abs(F), [-8:0.01:8]);
                                  %绘制三角波信号的频谱
title('三角波信号的频谱');
```

运行结果:

F=-(cos(2*w)-1)/w^2, 即:

$$F(\omega) = \frac{1-\cos(2\omega)}{\omega^2} = \frac{2\sin^2(\omega)}{\omega^2} = 2S_a^2(\omega)$$

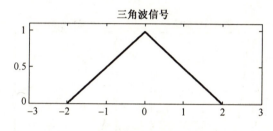

三角波信号

三角波信号的频谱

3. 二阶低通滤波器特性为:

$$H(\omega) = \frac{1}{1-\left(\dfrac{\omega}{\omega_0}\right)^2 + j\dfrac{1}{Q}\left(\dfrac{\omega}{\omega_0}\right)}$$

即: $|H(\omega)| = \dfrac{1}{\sqrt{\left[1-\left(\dfrac{\omega}{\omega_0}\right)^2\right]^2 + \left(\dfrac{1}{Q}\dfrac{\omega}{\omega_0}\right)^2}}$ 和 $\phi(\omega) = -\arctan\left(\dfrac{\dfrac{1}{Q}\dfrac{\omega}{\omega_0}}{1-\left(\dfrac{\omega}{\omega_0}\right)^2}\right)$

令 $Q=\dfrac{1}{\sqrt{2}}$ 和 1 时,分别求幅频特性和相频特性。

```
m33.m
Q=input('输入 Q=');                            %以交互方式输入 Q
normalizedw=linspace(0.1, 10, 100);
H=1./(1-normalizedw.^2+j*normalizedw/Q);
    %二阶低通滤波器的频率特性表达式
subplot(1, 2, 1), plot(normalizedw, abs(H));  %绘制幅频特性曲线
title('幅频特性曲线');grid
subplot(1, 2, 2), plot(normalizedw, angle(H));%绘制相频特性曲线
title('相频特性曲线');grid
```

运行结果：

输入 Q=1/sqrt(2)
输入 Q=1

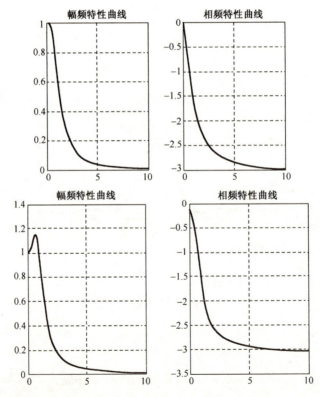

4. 三阶低通滤波器特性为：

$$H(\omega) = \frac{1}{(j\omega)^3 + 3(j\omega)^2 + 2(j\omega) + 1}$$

a. 求幅频特性 $|H(\omega)|$ 和相频特性 $\phi(\omega)$； b. 求该系统的冲激响应 $h(t)$

m34a.m:
```
w=0:0.01:5;
H=1./((j*w).^3+3*(j*w).^2+2*j*w+1);%三阶低通滤波器的频率特性表达式
subplot(1, 2, 1), plot(w, abs(H));      %绘制幅频特性曲线
title('幅频特性曲线');grid;axis tight;
subplot(1, 2, 2), plot(w, angle(H));    %绘制相频特性曲线
title('相频特性曲线');grid;axis tight;
```

运行结果：

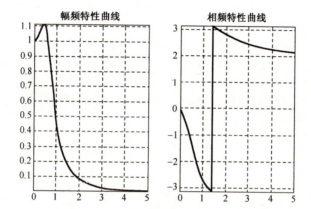

m34b.m:
```
b=[1];              %分子多项式系数
aa=[1 3 2 1];       %分母多项式系数
impulse(b, aa);     %冲激响应h(t)
```

运行结果：

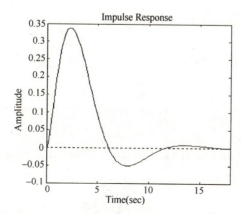

5. 脉冲采样的实现：

$$f(t) = S_a(t) \cdot p(t)$$

其中 p(t) 的波形如下：

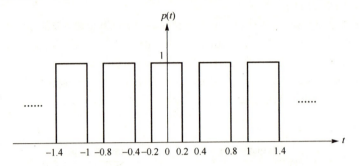

```
m35.m
t=-3*pi:0.01:3*pi;              %定义时间范围向量
s=sinc(t/pi);                   %计算Sa(t)函数
subplot(3, 1, 1), plot(t, s);   %绘制Sa(t)的波形
p=zeros(1, length(t));          %预定义p(t)的初始值为0
for i=16:-1:-16
p=p+rectpuls(t+0.6*i, 0.4);     %利用矩形脉冲函数rectpuls的平移
                                %来产生宽度为0.4，幅度为1的矩形脉
                                %冲序列p(t)
end
subplot(3, 1, 2), stairs(t, p); %用阶梯图形表示矩形脉冲
axis([-10 10 0 1.2]);
f=s.*p;
subplot(3, 1, 3), plot(t, f);   %绘制f(t)=Sa(t)*p(t)的波形
```

运行结果：

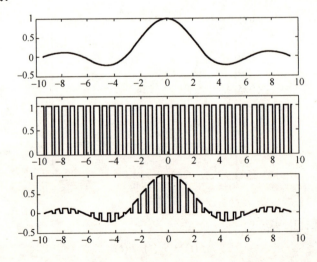

6. 分析如图所示三角信号的采样过程：

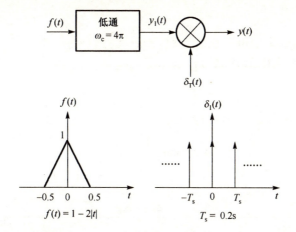

$f(t) = 1 - 2|t|$

$T_s = 0.2s$

a. 画出 $f(t)$ 的频谱图 $F(\omega)$ 。
b. 画出 $y_1(t)$ 的频谱图 $Y_1(\omega)$ 。
c. 画出 $y(t)$ 的频谱图 $Y(\omega)$ 。

```
m36.m:
syms t w f;                           %定义符号变量
f=(1-2*abs(t))*exp(-j*w*t);           %计算被积函数
F=int(f, t, -1/2, 1/2);               %计算傅里叶系数 F(w)
F=simple(F);F                         %化简
subplot(3, 1, 1),                     %绘制三角波的幅频特性曲线 F(w)
low=-26*pi;high=-low;                 %设置 w 的上界和下界
ezplot(abs(F), [low:0.01:high]);
axis([low high -0.1 0.5]); xlabel('');
title('三角波的频谱');
subplot(3, 1, 2),    %绘制经过截止频率为 4*pi 低通滤波器后的频谱 Y1(w)
ezplot(abs(F), [-4*pi:0.01:4*pi]);
axis([low high -0.1 0.5]); xlabel('');
title('低通滤波后的频谱');
%采样信号的频谱是原信号频谱的周期延拓, 延拓周期为(2*pi)/Ts
%利用频移特性 F[f(t)*exp(-j*w0*t)]=F(w+w0)来实现
subplot(3, 1, 3);                     %绘制采样后的频谱 Y(w)
Ts=0.2;                               %采样信号的周期
w0=(2*pi)/Ts;                         %延拓周期 10*pi
for k=-2:2
    ft=f*exp(-j*w0*k*t);
    FT=int(ft, t, -1/2, 1/2);
```

```
      ezplot((1/Ts)*abs(FT), [(-4*pi-k*w0):0.01:(4*pi-k*w0)]);
      hold on
end
axis([low high -0.1 2.5]); xlabel('');
title('采样后的频谱');
```

运行结果：

F=-4*(cos(1/2*w)-1)/w^2,

即： $F(\omega) = \dfrac{4\left(1-\cos\left(\dfrac{1}{2}\omega\right)\right)}{\omega^2} = \dfrac{1}{2}S_a^2\left(\dfrac{\omega}{4}\right)$

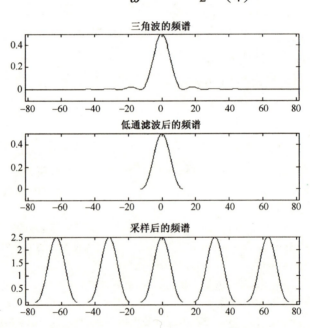

7. 单位反馈系统的开环传递函数为 $G(s) = \dfrac{50}{(s+5)(s-2)}$，绘制系统的幅相曲线，判断闭环系统的稳定性，画出系统的单位阶跃响应曲线。

```
m37.m
num=[50];
den=[1 3 -10];
figure(1)
nyquist(num, den);
title('nyquist plot');
figure(2)
```

```
[num1, den1]=cloop(num, den);
step(num1, den1);
title('step respose')
```

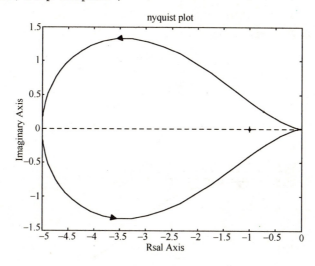

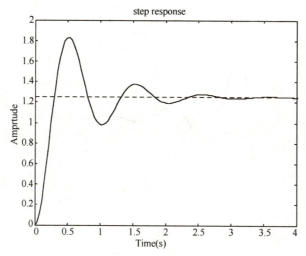

8. 雕刻机控制系统的开环传递函数为 $G(s) = \dfrac{K}{s(s+1)(s+2)}$，令 $K=2$，画出开环伯德图和阶跃响应曲线，确定系统的相角裕度、幅值裕度、调节时间、超调量。

令 $K=1$，重新确定上述指标，说明 K 对系统特性的影响。

```
m38.m
clf
w=logspace(-1, 1, 200);
num=[2];den=[1, 3, 2, 0];
```

```
[mag, phase, w]=bode(num, den, w);
[Gm, Pm, Wcp]=margin(mag, phase, w);
figure(1), bode(num, den);
[num1, den1]=cloop(num, den);
figure(2), step(num1, den1)
```

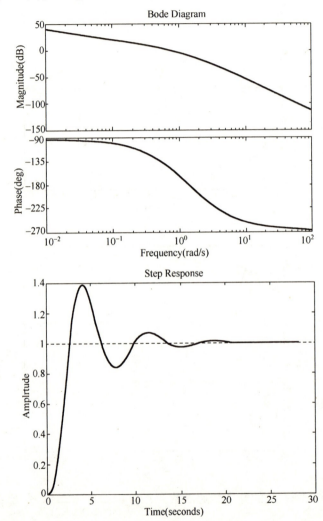

9. 遥控侦察车，已知遥控侦察车速度控制系统的开环传递函数为 $G(s)=\dfrac{K(s+2)}{(s+1)}\times\dfrac{1}{(s^2+2s+4)}$，令 $K=20$、10、4.44，分别画出系统的闭环伯德图和阶跃响应曲线，确定三种情况下系统的调节时间、超调量、稳态误差，确定 K 的取值使系统综合性能最好。画出所取 K 值对应系统的 Nyquist 曲线。

（1）画闭环伯德图

```
m39a.m
w=logspace(0, 1, 200);k=20;
    for i=1:3
        numgc=k*[1 2];dengc=[1 1];
        numg=[1];deng=[1 2 4];
        [nums, dens]=series(numgc, dengc, numg, deng);
        [num, den]=cloop(nums, dens);
        [mag, phase, w]=bode(num, den, w);
        if i==1, mag1=mag;phase1=phase;k=10;end
        if i==2, mag2=mag;phase2=phase;k=4.4;end
        if i==3, mag3=mag;phase3=phase;end
     end
   loglog(w, mag1, 'r', w, mag2, 'g', w, mag3, 'b')
```

（2）画阶跃响应曲线

```
m39b.m
clf
t=[0:0.01:10];k=20;
for i=1:3
numgc=k*[1 2];dengc=[1 1];
        numg=[1];deng=[1 2 4];
        [nums, dens]=series(numgc, dengc, numg, deng);
        [num, den]=cloop(nums, dens);
        [y, x]=step(num, den, t);
        if i==1, y1=y;k=10;end
```

```
        if i==2, y2=y;k=4.4;end
        if i==3, y3=y;end
    end
plot(t, y1, 'r', t, y2, 'g', t, y3, 'b')
```

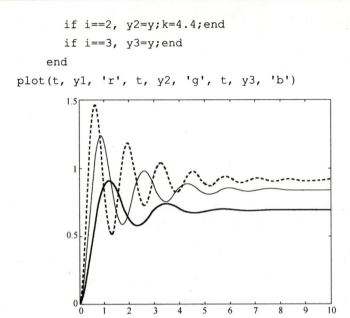

(3) 画幅频曲线

```
m39c.m
clf
numgc=10*[1 2];dengc=[1 1];
numg=[1];deng=[1 2 4];
[nums, dens]=series(numgc, dengc, numg, deng);
[mag, phase, w]=bode(num, den);
[Gm, Pm, Wcp]=margin(mag, phase, w);
nyquist(num, den);
```

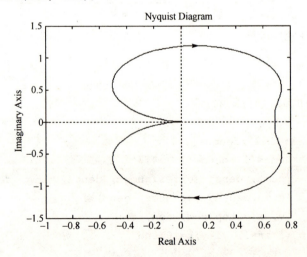

10. 单位反馈系统的开环传递函数为 $G(s) = \dfrac{K}{s(s+10)(s+40)}$，$K$=500，请在图形窗口 1，画出开环伯德图，在图形窗口 2 画出开环幅相曲线，判断系统的稳定性。令 K=50，重复上面步骤。

```
m310.m
clf
num=500*[1, 100];
den=[1, 50, 400, 0];
[mag, phase, w]=bode(num, den);
[Gm, Pm, Wcp]=margin(mag, phase, w);
figure(1), bode(num, den);
figure(2), nyquist(num, den);
axis([-10, 0, -3, +3])
```

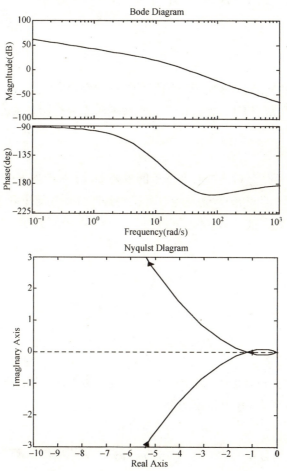

五、练习题

单位反馈系统的开环传递函数为 $G(s)=\dfrac{1}{s(s+1)(0.2s+1)}$,画出系统的开环伯德图,确定相角裕度、幅值裕度。

六、报告要求

1. 观察并记录内容与步骤中各实验结果。
2. 写出实验体会、出现问题及解决方法。
3. 写出实验参考程序中各部分的功能。

实验四 系统的复频域分析

一、实验目的

1. 掌握运用 MATLAB 实现时域信号的拉氏变换方法。
2. 掌握运用 MATLAB 实现由 $H(s)$ 求解零极点分布图及求解 $h(t)$ 的方法。

二、实验原理

拉普拉斯变换是分析连续时间信号的重要手段。对于当 $t\to\infty$ 时信号的幅值不衰减的时间信号,即在 $f(t)$ 不满足绝对可积的条件时,其傅里叶变换可能不存在,但此时可以用拉氏变换法来分析。连续时间信号 $f(t)$ 的单边拉普拉斯变换 $F(s)$ 的定义为:

$$F(s)=\int_{0}^{\infty}f(t)\mathrm{e}^{-st}\mathrm{d}t$$

拉氏反变换的定义为:

$$f(t)=\frac{1}{2\pi\mathrm{j}}\int_{\sigma-\mathrm{j}\omega}^{\sigma+\mathrm{j}\omega}F(s)\mathrm{e}^{st}\mathrm{d}s$$

显然,上式中 $F(s)$ 是复变量 s 的复变函数,为了便于理解和分析 $F(s)$ 随 s 的变化规律,将 $F(s)$ 写成模及相位的形式:

$$F(s)=|F(s)|\mathrm{e}^{\mathrm{j}\varphi(s)}$$

其中,$|F(s)|$ 为复信号 $F(s)$ 的模,而 $\varphi(s)$ 为 $F(s)$ 的相位。由于复变量 $s=\sigma+\mathrm{j}\omega$,

如果以 σ 为横坐标（实轴），$j\omega$ 为纵坐标（虚轴），这样复变量 s 就成为一个复平面，称为 s 平面。

描述连续系统的系统函数 $H(s)$ 的一般表示形式为：

$$H(s) = \frac{b_m s^m + b_{m-1} s^{m-1} + \ldots + b_1 s + b_0}{s^n + a_{n-1} s^{n-1} + \ldots + a_1 s + a_0}$$

其对应的零极点形式的系统函数为：

$$H(s) = \frac{b_m(s-z_1)(s-z_2)\cdots(s-z_m)}{(s-p_1)(s-p_2)\cdots(s-p_n)}$$

共有 n 个极点：$p_1, p_2, \cdots, p_n$ 和 m 个零点：$z_1, z_2, \cdots, z_m$。把零极点画在 s 平面中得到的图称为零极点图，可以通过零极点分布判断系统的特性。当系统的极点处在 s 的左半平面时系统稳定；处在虚轴上的单阶极点系统稳定；处在 s 的右半平面的极点及处在虚轴上的高阶极点，系统是不稳定的。

描述系统除了可以用系统函数和零极图以外，还可以用状态方程。对应上述用系统函数 $H(s)$ 描述的系统，其状态方程可用相变量状态方程和对角线变量状态方程描述，形式分别为相变量状态方程：

$$\begin{pmatrix} x_1' \\ x_2' \\ \vdots \\ x_{n-1}' \\ x_n' \end{pmatrix} = \begin{pmatrix} 0 & 1 & 0 & \cdots & 0 \\ 0 & 0 & 1 & \cdots & 0 \\ \vdots & & & \cdots & \\ 0 & 0 & 0 & \cdots & 1 \\ -a_0 & -a_1 & -a_2 & \cdots & -a_{n-1} \end{pmatrix} \begin{pmatrix} x_1 \\ x_2 \\ \vdots \\ x_{n-1} \\ x_n \end{pmatrix} + \begin{pmatrix} 0 \\ 0 \\ \vdots \\ 0 \\ 1 \end{pmatrix} f$$

输入方程为：

$$y = \begin{pmatrix} b_0 & b_1 & \cdots & b_m & 0 & \cdots & 0 \end{pmatrix} \begin{pmatrix} x_1 \\ x_2 \\ \vdots \\ x_{n-1} \\ x_n \end{pmatrix}$$

对角线变量方程：

$$\begin{pmatrix} x_1' \\ x_2' \\ \vdots \\ x_{n-1}' \\ x_n' \end{pmatrix} = \begin{pmatrix} p_1 & 0 & \cdots & 0 & 0 \\ 0 & p_2 & \cdots & 0 & 0 \\ \vdots & \vdots & \vdots & \vdots & \vdots \\ 0 & 0 & \cdots & p_{n-1} & 0 \\ 0 & 0 & \cdots & 0 & p_n \end{pmatrix} \begin{pmatrix} x_1 \\ x_2 \\ \vdots \\ x_{n-1} \\ x_n \end{pmatrix} + \begin{pmatrix} 1 \\ 1 \\ \vdots \\ 1 \\ 1 \end{pmatrix} f$$

输出方程：

$$y = \begin{pmatrix} k_1 & k_2 & \cdots & k_{n-1} & k_n \end{pmatrix} \begin{pmatrix} x_1 \\ x_2 \\ \vdots \\ x_{n-1} \\ x_n \end{pmatrix}$$

矩阵中的 p 为系统函数的极点，k 为部分分式展开中的系数，即

$$H(s) = \frac{k_1}{s-p_1} + \frac{k_2}{s-p_2} + \ldots + \frac{k_{n-1}}{s-p_{n-1}} + \frac{k_n}{s-p_n}$$

上述状态方程和输出方程均可表示为

$$X' = AX + Bf$$
$$Y = CX + Df$$

A、B、C、D 分别表示对应的矩阵，上述两种表示中 $D=0$。

系统在频域中的特性可以用频域中的系统函数表示 $H(j\omega) = H(s)|_{s=j\omega}$，$H(j\omega)$ 是复函数，可表示为 $H(j\omega) = |H(j\omega)| e^{j\varphi(\omega)}$，其中 $|H(j\omega)|$ 称为幅频特性，$\varphi(\omega)$ 称为相频特性。

三、预习要求

1. 在 MATLAB 中实现拉氏变换的函数为：

```
F=laplace( f )          对 f(t)进行拉氏变换，其结果为 F(s)
F=laplace(f, v)         对 f(t)进行拉氏变换，其结果为 F(v)
F=laplace( f, u, v )    对 f(u)进行拉氏变换，其结果为 F(v)
```

2. 拉氏反变换

```
f=ilaplace( F )         对 F(s)进行拉氏反变换，其结果为 f(t)
f=ilaplace(F, u)        对 F(w)进行拉氏反变换，其结果为 f(u)
f=ilaplace(F, v, u )    对 F(v)进行拉氏反变换，其结果为 f(u)
```

注意：在调用函数 laplace() 及 ilaplace() 之前，要用 syms 命令对所有需要用到的变量（如 t, u, v, w）等进行说明，即要将这些变量说明成符号变量。对 laplace() 中的 f 及 ilaplace() 中的 F 也要用符号定义符 sym 将其说明为符号表达式。

MATLAB 语言提供了系统函数，零极点和状态方程之间的相互转换语句，也提供了得到系统频率特性的语句：

tf2zp：从系统函数的一般形式求出其零点和极点。
zp2tf：从零极点求出系统函数的一般式。
ss2zp：从状态方程式求系统的零极点。
zp2ss：从零极点求系统的状态方程。
freqs：由 H(s)的一般形式求其幅频特性和相频特性。

四、内容与步骤

1. 部分分式展开：
$$F(s) = \frac{2s+1}{s^3+2s^2+5s}$$

```
m41.m
b=[2 1];
aa=[1 2 5 0];
[r p k]=residue(b, aa)
```

运行结果：

```
r=
  -0.1000 - 0.4500i
  -0.1000 + 0.4500i
   0.2000
p=
  -1.0000 + 2.0000i
  -1.0000 - 2.0000i
       0
k=[ ]
```

故
$$F(s) = \frac{-0.1-0.45j}{s-(-1+2j)} + \frac{-0.1+0.45j}{s-(-1-2j)} + \frac{0.2}{s}$$

2. 求拉氏变换

a. $f(t) = e^{-t}\cos\omega t$
b. $f(t) = 3e^{-2t}\varepsilon(t)$

```
m42.m
syms t w                    %指定 t 和 w 为符号变量
fat=exp(-t)*cos(w*t);
fbt=3*exp(-2*t);
fas=laplace(fat)
fbs=laplace(fbt)
```

运行结果:

```
fas=(s+1)/((s+1)^2+w^2)
fbs=3/(s+2)
```

即:
$$F_a(s) = \frac{s+1}{(s+1)^2 + \omega^2}, \quad F_b(s) = \frac{3}{s+2}$$

3. 求拉氏反变换

a. $F(s) = \dfrac{2s+1}{s^2 + 7s + 10}$ b. $F(s) = \dfrac{s^2}{s^2 + 3s + 2}$

```
m43.m
syms s        %指定 s 为符号变量
fas=(2*s+1)/(s^2+7*s+10);
fbs=s^2/(s^2+3*s+2);
fat=ilaplace(fas)
fbt=ilaplace(fbs)
```

运行结果:

```
fat=3*exp(-5*t)-exp(-2*t)
fbt=Dirac(t)-4*exp(-2*t)+exp(-t)
```

即:
$$f_a(t) = (3\mathrm{e}^{-5t} - \mathrm{e}^{-2t})\varepsilon(t) \qquad f_b(t) = \delta(t) + (-4\mathrm{e}^{-2t} + \mathrm{e}^{-t})\varepsilon(t)$$

4. 零极点分析

a. $H(s) = \dfrac{s+2}{s^2 + 4s + 5}$, 求零极点并画出零极点图, 并求阶跃响应 $s(t)$ 和冲击响应 $h(t)$。

```
m44a.m
b=[1 2];                            %系统函数分子多项式系数
a=[1 4 5];                          %系统函数分母多项式系数
sys=tf(b, a);                       %传递函数 H(s)
subplot(1, 3, 1), pzmap(sys);       %绘制零极点图
subplot(1, 3, 2), step(b, a);       %阶跃响应 s(t)
subplot(1, 3, 3), impulse(b, a);    %冲激响应 h(t)
```

运行结果:

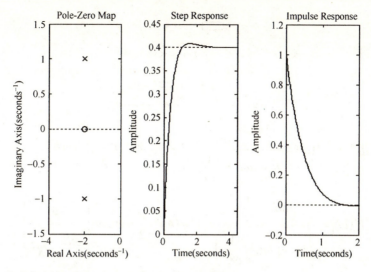

注：将鼠标移到零极点上即能显示其位置坐标。

b. $H(s) = \dfrac{s+2}{s^3 + 3s^2 + 2s + 1}$，求 $H(s)$ 的零极点分布。

```
m44b.m
b=[1 2];                    %系统函数分子多项式系数
a=[1 3 2 1];                %系统函数分母多项式系数
sys=tf(b, a);               %传递函数 H(s)
pzmap(sys);                 %绘制零极点图
```

运行结果：

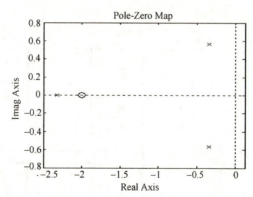

5. 一简单的带阻二阶系统，已知 $R = 50\Omega$，$C = 470\text{pF}$，$L = 50\mu\text{H}$

a. 画出零极点图。

b. 画出幅频特性和相频特性（对数）。

其中：$R = 50\Omega$，$C = 470\text{pF}$，$L = 50\mu\text{H}$

系统函数：$H(\omega) = \dfrac{j\omega L + \dfrac{1}{j\omega C}}{R + j\omega L + \dfrac{1}{j\omega C}}$ （中心频率 $f_0 \approx 1\text{MHz}$）

即：$|H(\omega)| = \dfrac{\omega L - \dfrac{1}{\omega C}}{\sqrt{R^2 + \left(\omega L - \dfrac{1}{\omega C}\right)^2}}$ 和 $\varphi(\omega) = \dfrac{\pi}{2} - \arctan\left(\dfrac{R}{\omega L - \dfrac{1}{\omega C}}\right)$

```
m45.m:
R=50;                              %电阻 R=50
L=50*(10^-6);                      %电感 L=50uH
C=470*(10^-12);                    %电容 C=470pF
b=[L*C 0 1];                       %分母多项式系数
a=[L*C R*C 1];                     %分子多项式系数
sys=tf(b, a);                      %传递函数 H(s)
subplot(1, 2, 1), pzmap(sys);      %绘制零极点图
subplot(1, 2, 2), bode(b, a);      %绘制对数幅频特性和对数相频特性曲线
```

运行结果：

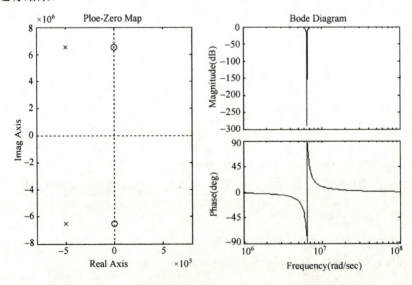

6. 某导弹自动跟踪系统框图如图所示。

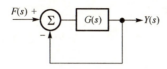

其系统函数：
$$H(s) = \frac{34.5s^2 + 119.7s + 98.1}{s^3 + 35.714s^2 + 119.741s + 98.1}$$

试求其阶跃响应 $s(t)$。

```
m46.m:
b=[34.5 119.7 98.1];          %系统函数分母多项式系数
a=[1 35.714 119.741 98.1];    %系统函数分子多项式系数
step(b, a);                    %阶跃响应 s(t)
```

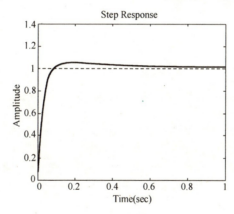

7. 某卫星角度跟踪天线控制系统的系统函数为：
$$H(s) = \frac{13750}{20s^4 + 174s^3 + 2268s^2 + 13400s + 13750}$$

试画出其零极点图，并求其冲激响应 $h(t)$。

```
m47m:
b=[13750];                              %系统函数分母多项式系数
a=[20 174 2268 13400 13750];            %系统函数分子多项式系数
sys=tf(b, a);                           %传递函数 H(s)
subplot(1, 2, 1), pzmap(sys);           %绘制零极点图
subplot(1, 2, 2), impulse(b, a);        %冲激响应 h(t)
```

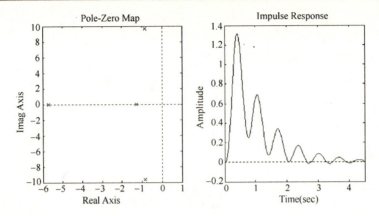

五、报告要求

1. 观察并记录内容与步骤中各实验结果。
2. 写出实验体会、出现问题及解决方法。
3. 写出实验参考程序中各部分的功能。

附录 A 信号与系统实验箱使用说明

信号与系统实验箱是专为"信号系统"这门课程而配套设计的。它集实验模块、交流毫伏表、稳压源、信号源、频率计于一体，结构紧凑，性能稳定可靠，实验灵活方便，有利于培养学生的动手能力。

本实验箱主要是由一整块单面覆铜印刷线路板构成，其正面（非覆铜面）印有清晰的图形、线条、字符，使其功能一目了然。本箱提供实验必需的信号源、频率计、交流毫伏表等。所以，本实验箱具有实验功能强、资源丰富、使用灵活、接线可靠、操作快捷、维护简单等优点。实验箱上所有的元器件均经精心挑选，属于优质产品。整个实验功能放置并固定在体积为 0.46m×0.36m×0.14m 的高强度 ABS 工程塑料保护箱内，实验箱净重 6kg，造型美观大方。

1. 实验箱的组成与使用

（1）实验箱的供电。实验箱的后方设有带保险丝管（1A）的 220V 单向交流电源三芯插座，另配有三芯插头电源线一根。箱内设有一只降压变压器为实验板提供多组低压交流电源。

（2）一块大型（430mm×320mm）单面覆铜印刷线路板，正面引有清晰的各部件及元器件的图形、线条和字符，并焊有实验所需的元器件。

该实验板包含着以下各部分内容。

① 正面左下方装有电源总开关及电源指示灯各一只，控制总电源。

② 60 多个高可靠的自锁紧式、防转、叠插式插座。它们与固定器件、线路的连接已设计在印刷线路板上。

这类锁紧式插件，其插头与插座之间的导电接触面很大，接触电阻极其微小（接触电阻≤0.003Ω，使用寿命>10000 次以上），在插头插入时略加旋转后，即可获得极大的轴向锁紧力，拔出时，只要沿反方向略加旋转即可轻松地拔出，无须任何工具便可快捷插拔，同时插头之间可以叠插，从而可形成一个立体布线空间，使用起来极为方便。

③ 直流稳压电源。提供四路±15V 和±5V 直流稳压电源，每路均有短路保护自恢复功能。在电源总开关打开的前提下，只要打开信号源开关，就有相应的电压输出。

④ 信号源。本信号源发生器是由单片集成函数信号发生器 ICL8038 及外围电路组合而成。其输出频率范围为 15Hz～90kHz，输出幅度峰峰值为 0～15V。

使用时只要开启"函数信号发生器的开关"，此信号源即进入工作状态。

两个电位器旋钮用于输出信号的"幅度调节"（左）和"频率调节"（右）。

实验板上两个短路帽则用于波形选择（上）和频率选择（下）。

将上面一个短路帽放在 1、2 两脚处，输出信号为正弦波；将其置于 3、4 两脚处，则为方波输出。

将下面一个短路帽放在 1、2 两脚处（即"f1"处），调节右边一个电位器旋钮（"频率调节"）则输出信号的频率范围为 300Hz～7kHz；将其置于 4、5 两脚处（即"f3"处）则输出信号的频率范围为 5～90kHz。

⑤ 频率计。本频率计是用单片机 89C2051 和六位共阴极 LED 数码管设计而成的，分辨率为 1Hz，测频范围为 1Hz～300kHz。

只要开启"函数信号发生器"的开关，频率计即进入待测状态。

将频率计（内侧/外侧）开关置于"内侧"，即可测量"函数信号发生器"本身的信号输出频率。将开关置于"外侧"，则频率计显示由"输入"插口输入的被测信号的频率。

在使用过程中，如遇瞬时强干扰，频率计可能出现死锁，此时只要按一下复位"RES"键，即可自动恢复正常工作。

⑥ 50Hz 非正弦多波形信号发生器。提供的周期信号有半波整流、全波整流、方波、矩形波、三角波，共五种 50Hz 的非正弦信号。

⑦ 数字式真有效值交流毫伏表。本机采用的交流毫伏表具有频带较宽、精度高、数字显示和"真有效值"的特点，测量范围为 0～20V，分 200mV、2V、20V 三挡，直键开关切换，三位半数显，频带范围为 10Hz～1MHz，基本测量精度±0.5%，即使测试远离正弦波形状的窄脉冲信号，也能测得精确的有效值大小，其使用的波峰因数范围达到 10。

真有效值交流电压表由输入衰减器、阻抗变换器、定值放大器、真有效值 AC/DC 转换器、滤波器、A/D 转换器和 LED 显示器组成。

输入衰减器用来将大于 2V 的信号衰减，定值放大器用来将小于 200mV 的信号放大。本机 AC/DC 转换由一块宽频带、高精度的真有效值转换器完成，它能将输入的交流信号——不论是正弦波、三角波、方波、锯齿波，甚至窄脉冲波，精确地转换成与其有效值大小等价的直流信号，在经滤波器滤波后加到 A/D 转换器，变成相应的数字信号，最后由 LED 显示出来。

⑧ 本实验箱附有足够的长短不一的实验专用连接导线一套。

（3）主板上设有可装、卸固定线路实验小板的固定脚四只，可采用固定线路及灵活组合进行实验。

2. 使用注意事项

（1）使用前应先检查各电源是否正常，检查步骤如下。

① 先关闭实验箱的所有电源开关，然后用随箱的三芯电源线接通实验箱的220V 交流电源。

② 开启电源总开关，指示灯应被点亮。

③ 用万用表的直流电压挡测量面板上的±15V 和+5V，是否正常。

（2）接线前务必熟悉实验线路的原理及实验方法。

（3）实验接线前必须先断开总电源与各分电源开关，严禁带电接线。接线完毕，检查无误后，才可进行实验。

（4）实验自始至终实验板上要保持整洁，不可随意放置杂物，特别是导电的工具和多余的导线等，以免发生短路等故障。

（5）实验完毕，应及时关闭各电源开关，并及时清理实验板面，整理好连接导线并放置到规定的位置。

（6）实验时需用到外部交流供电的仪器，如示波器等，这些仪器的外壳应接地。

附录 B 扫频电源操作使用说明

一、开启电源开关，显示器显示"P"

二、扫频速度选择与输出

1. 按"扫速"键，显示器显示"SPEED0"，表明选定了第 0 挡扫速，功能指示中的"扫频速度"指示灯亮。

2. 连续按动"扫速"键 10 次，显示器末尾分别显示 0～F，并周而复始从 0 到 F 切换，一共有 11 挡扫频速度可选择。

3. 按"全程扫速"键，显示器显示"SCRn.AP.0"；功能指示中的"全域扫频"指示灯亮，表明"扫频电源输出"端口已有幅度基本稳定的按选定的某挡扫速在全程范围内进行扫频的正弦波信号。扫频（即输出频率递增）过程则由"频标指示器"（由 15 只绿色发光二极管及有关电路组成）指示出相应的频段。

注：在扫频过程中，除按"复位"键外，按其他任何键都不会改变当前的状态。

三、扫频区段选择

按"复位"键，并按第 2 项操作选定扫速后，按动 S1～S9 键中的模拟键号，便可选定在某一区段的扫频输出（扫频速度指示灯亮），各扫频区段与 S 键号的对应关系如表 B-1-1 所示。

此时显示器显示：

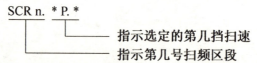

SCR n. *P.* ── 指示选定的第几挡扫速
         └──── 指示第几号扫频区段

四、点频输出及频率显示操作步序

1. 按"复位"键后，并按"换挡"键，功能指示中的红色"点频换挡"指示灯亮，选定点频步进区段（共有 7 个区段），此时显示其显示"F　*"，其中*为 0～7 中的某一个数。

2. 按"点频"键，功能指示中的红色"点频输出"指示灯亮，信号输出口便有相应的某一频率的正弦波信号输出。

3. 连续按动"点频"键，显示器的 2、3 位将交替显示"—---" "—---"，表明输出信号在该区段内循环递增变化。

例如，按"复位"键后，再按"换挡"键，在选定了第 0 挡步进区段后，按一下"点频"挡，显示器显示"一_ F 0"，再按一下"内测频"键，显示器将显示"F …"，约经 2 秒后，显示器显示"F000015"，表明输出正弦信号频率为 15Hz，再按动两次"点频"键，输出频率改变为 16Hz，随后每按动两次"点频"键，输出频率将增加 1Hz。在按下"内测频"键后，功能指示灯也相应地切换为"内测频率"指示灯。

在上例中，如选定了第 1 区段后按一下"点频"键，输出频率为 510Hz，随后每按一下"点频"键，输出频率随之递增约 6Hz.。

其他各挡操作与上例类似，只是步幅随区段不同而改变。

各扫频区段与 S 键号的对应关系，如表 B-1-1 所示。

表 B-1-1　各扫频区段与 S 键号的对应关系

频段按键号	扫频区段频率			
	低端	高端		
		II	III	IV
全程扫	14Hz			*80~100kHz
S1	14Hz		46.87.kHz	
S2	*200~400Hz	23.436kHz		
S3	504Hz		*64~80kHz	
S4	504Hz	23.436kHz		
S5	504Hz			100kHz
S6	1.488kHz		*40Hz~80kHz	
S7	1.488kHz			100kHz
S8	504Hz	11.718kHz		
S9	*200~400Hz		*70~80kHz	

注：*号表示一个频率范围，由于频率输出有一定的扫速，故某个扫频区段的上限或下限频率无法准确读出，只能用一个范围表示。

附录 C 常用电子仪器

仪器一 示　波　器

示波器是一种能把时间变化的电过程用图像表示出来的电子仪器，因此示波器被广泛应用到各个不同的科技领域。

一、HITXCHI OSCILLOSCOPE V-212/211 示波器主要使用方法

V—212/211 示波器是近年来从日本引进的全晶体管化的小型示波器，它能够将两个不同的信号同时显示，以供对比和分析。

二、主要技术指标

1. 频带宽度：输入耦合为 DC 时，0～20MHz。
2. 灵敏度：最高可达 1mV/DIV（每厘米）。
3. 输入阻抗：经探极耦合为 $10M\Omega$。
4. 最大允许输入电压：400V（DC 直流+AC 交流峰峰值）。
5. 校准信号 1kHz，幅度 0.5V（方波）。

三、—212 型双踪示波器面板主要旋钮的作用

V—212 型双踪示波器面板如图 C.1.1 所示。
1—POWER 是电源开关，当 POWER 键按下时电源接通，此时指示灯亮。
2—指示灯。
3—聚焦控制。
4—扫描器基线亮度控制。
5—明暗度指示。
6—选择使用电源。
7—AC 电源引入。
8—CH1 探头接入插孔。
9—CH2 探头接入插孔。
10、11—输入信号耦合方式开关：AC、GND、DC。

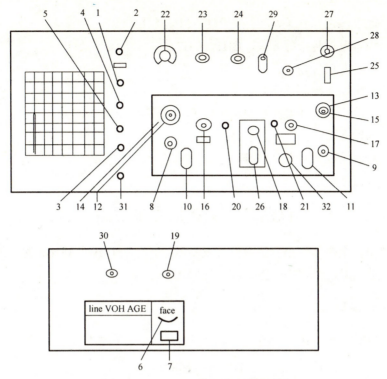

图 C.1.1　V—212 型双踪示波器面板

12、13—VOLTS/DIV　电压选择开关。

14、15—红色微调旋钮　PUL 1×5 打开被测电压扩大 5 倍。

16—被测信号上下位移控制旋钮。

17—两路同时使用时，可以 PUU.对比信号位置。

18—使用方式选择开关。

CH1：屏幕显示第一路信号。

CH2：屏幕显示第二路信号。

ALT：同时在屏幕显示两路信号。

CHOP：同时观察第一\第二两路，大约 250kHz 的独立信号。

ADD：在屏幕上显示信号是第一路和第二路信号的代数和。

19—CH1 路输出信号。

20、21—DC BAL 直流平衡校准控制。

22—Time/DIV　扫描速率选择开关。

23—SWP　VAR 扫描速率微调旋钮，在正常使用时，右旋到底为校准。

24—X 轴扫描扩展旋钮，打开时，扫描时间扩大 10 倍。

25—触发源选择开关，三挡：INT、LINE、EXT。
26—内触发信号选择开关，CH1、CH2。
27—外触发信号输入孔。
28—电平同步控制旋钮。
29—触发方式选择开关：自动 AUTO、常态 NORM 等。
30—外输入孔。
31—方波校准信号 0.5V/1kHz。
32—外接地线。

仪器二 函数信号发生器

本仪器是全晶体管小型函数信号发生器，能产生 1kHz～1MHz 的正弦波、方波、三角波信号，体积小、重量轻，使用方便。

一、技术指标

1．频率范围：1Hz～1MHz，分六个频段，如表 C-2-1 所示。

表 C-2-1 频率范围

频段	I	II	III	IV	V	VI
频率范围（Hz）	1～10	10～100	0.1～1k	1k～10k	10k～100k	100k～1MHz

2．输出波形：正弦波、方波、三角波。
3．输出电压。
$20V_{P-P}$（负载开路）。
$10V_{P-P}$（600Ω负载）。
4．度盘精度：
1Hz～100kHz <±5%（读数值）
101kHz～1MHz<5%
5．波形特征：
正弦波　1Hz～100kHz　　　　失真 <3%（−10～0℃<5%）
　　　　101kHz～1MHz　失真 <5%
三角波　非线性 <2%（10kHz）
方波　　上时间 <100ns（1kHz 最大输出时 0）
6．电源电压。
110V 或 220V，50Hz。

二、使用方法

(1) 本仪器可以使用 110V 或 220V、50Hz 电源。出厂时已接成 220V。

(2) 接通电源。检查使用电源电压与本机工作电压无误后。即可将电源线插头插入电源插座。用面板右下侧开关开启电源。指示灯亮，待预热 15 分钟后，仪器就可以稳定使用。

(3) 用面板上方波形选择开关，根据需要选择正弦、方波、三角波输出，只要按下相应波形的按键即可得到所需输出波形。

(4) "频率倍乘"开关供选择输出频率量程之用，本仪器有六个频段可供选用。频率由面板右侧度盘下面的拨盘调节并由度盘指示数值确定。如按下"频率倍乘"开关的"1k"按键，度盘指示为 5 时，则输出频率即为 5kHz。

(5) 信号输出幅度可以通过"衰减"开关以 10dB 步级选择适当的衰减量。通过"输出幅度"旋钮调节电位器 W，可对输出幅度进行连续调节。

三、YB1638 函数信号发生器

YB1638 信号源能输出三种波形，同时还可以外测频率（即为频率计）。

1. 主要技术指标

频率范围：0.3Hz～3MHz，分为 7 挡连续可调。

输出电压：负载开路 $\geqslant 20V_{P-P}$

50Ω 负载 $\geqslant 10V_{P-P}$

频率计数：0.1Hz～10MHz

2. 面板说明

YB1638 信号源面板图，如图 C.2.1 所示。

(1) 电源开关。

(2) 数字显示屏。

(3) 频率调整钮，FREQUENCY。

(4) 对称性开关。

(5) 波形选择键，三种：三角波、正弦波、方波。

(6) 衰减开关（3 挡），20dB、40dB、60dB。

(7) 频段选择开关（7 挡）1Hz～3MHz。

(8) 功率输出开关。

（9）功能输出端口。
（10）直流偏置开关。
（11）输出幅度调整钮，AMPLITUDE。
（12）计数开关，按下红灯亮，显示输入的信号频率。
（13）信号输出端口，VOLTAGE OUT。
（14）外测信号输入端口，EXT COUNTER。

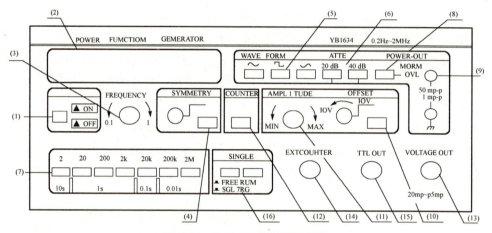

图 C.2.1　YB1638 信号源面板图

3. 仪器的使用

（1）通电，按下波形选择，检查面板上有 4 个功能键红灯处于"灭"的状态，此时 OUT 端口应有信号输出。

（2）调整（3）频率调整钮，选择需要的频率，使用示波器观察波形。

（3）调整（11）输出幅度调整钮，结合（5）波形选择键，利用交流毫伏表选择所需要的波形幅度。

（4）输出端口（13）使用 BNC 式插口，特性阻抗为 75Ω 的双夹子输出电缆线将信号输出。注意黑夹子与仪器外壳相连，且是与电源的地线相连通。信号通过红夹子输出的。

仪器三　低频信号发生器

XFD-7A 型低频信号发生器是一种稳定性比较高的 RC 信号发生器。能产生声频和超声频正弦波电振荡。

仪器的使用范围为 20Hz～200kHz；最大输出功率为 5W，输出阻抗有 50Ω、150Ω、600Ω 和 5000Ω 四种（其中 600Ω 备有内部负载）；为了输出端能得到实际应用中所需的微小电压（或功率），本仪器还设有电阻式的不变衰减器。最大衰减值达 100dB。此外，本仪器还设有分别为 15V、30V、75V 和 150 V 的电子管电压表。

本发生器适宜于实验和工厂中用做调整和测试低频段无线电子设备的信号源，它应该在环境温度 –10～+40℃，相对温度 65%±15% 和大气压 (750±30)mmHg 的条件下工作。

一、技术指标

1. 频率

(1) 频率额定范围：20～200kHz，如表 C-3-1 所示。

表 C-3-1　频率范围

频率段	×1	×10	×100	×1000
频率范围	20～200Hz	200～2kHz	2k～20kHz	20k～200kHz

(2) 频率工作误差：±（0.02f+1）Hz

(3) 频率的微调额定范围：±0.015fHz

(4) 频率微调工作误差：±0.003fHz

(5) 频率漂移（预热 30 分钟后）：

第一小时不超过 0.004fHz；

在其 7 小时内附加误差不超过 0.009fHz。

2. 频率特性曲线的不均匀性。

3. 非线性失真：

(1) 输出功率 0.5W。

① 频率 400～5000Hz，≤0.3%。

② 频率 60～390Hz 和 5.1～15kHz，≤0.7%

(2) 输出功率 5W。

频率 60～15kHz，≤1.6%。

(3) 频率在 15kHz 以上时，输出波形应接近正弦波。

4. 输出：

(1) 输出功率，如表 C-3-2 所示。

表 C-3-2 输出功率

频率	匹配负载电阻 600Ω、400Hz 的电平		匹配负载 50Ω、150Ω、5000Ω	
	输出功率 0.5W	输出功率 5W	输出功率 0.5W	输出功率 5W
20~60kHz	±0.8dB			
>60~200kHz	±1.3dB	±3.3dB		
20~6kHz		±1.3dB		
20~20kHz			±1.3dB	±3.3dB

额定功率 0.5W。

最大输出功率 5W。

(2) 输出阻抗 50Ω、150Ω、600Ω、5000Ω四种。

5．衰减器：

由每步衰减为 1dB 和 10dB 两种组成，最大可衰减 100dB。

衰减器误差：

频率 20~6000Hz

① 衰减不超过 80dB，±1.3dB。

② 衰减超过 80~100dB，±6.5dB。

6．电子管电表：

(1) 量程　15V、30V、75V、150V 四种。

(2) 工作误差（满刻度）。

① 频率由 $20 \leqslant f \leqslant 100000$Hz，±10%。

② 频率由 $100 < f < 200$kHz，±15%。

(3) 电源电压变化±3.0%。

(4) 被测波形失真 5%时的变动是±2.0%。

(5) 输入电阻＞500kΩ。

(6) 输入电容<50pF。

(7) 本电压表。

① 可测量仪器本身的输出电压。

② 可测量外部信号的电压。

7．电源：220V±10%，50Hz±4%

二、仪器使用

为了使用上方便，电源插座和保险装置在仪器的后面。而全部开关、调节旋钮、指示器度盘和指示灯等均安置在面板上。

1. 使用前准备

（1）将电源接入 220V、50Hz 的电源上。

（2）如欲得到频率的足够准确度与稳定度、仪器在正常工作前必须预热 30 分钟。

2. 使用方法

（1）频率的调节，如表 C-3-3 所示。

表 C-3-3 频率的调节

频率倍数	×1	×10	×100	×1000
频率范围	20～200Hz	200～2kHz	2k～20kHz	20k～200kHz

（2）输出电压的调节：

仪器的输出电压可以用下述两种方式调节。

① 连续的使用"输出调节"旋钮，顺时针转时，输出电压可连续的升高。

② 跳步的用"分贝衰减器"（衰减器有 1dB 和 10dB 两种，衰减范围为 0～100dB）。

（3）发生器的输出与负载匹配

为了使发生器的输出与负载相匹配，输出部分装有变压器，可与 50Ω、150Ω、600Ω、5000Ω 负载相匹配。

仪器内部装有 600Ω 负载电阻。当"内部负载"开关扳到"通"的位置，并将"输出阻抗"旋钮在 600 一挡时，发生器的输出就与 600Ω 相匹配了。但是，当外部负载为 600Ω 时，"内部负载"开关应扳到"断"位置上。

当发生器须与 50Ω、150Ω 和 500Ω 的外部负载相匹配时，应将"输出阻抗"旋钮旋到相应的阻抗位置。并将"内部负载"开关扳到"断"的位置上。

必须注意：每当发生器与高阻抗网络相连接时，必须把"内部负载"开关先扳到"通"位置上。并把"输出阻抗"旋钮按需要电压的大小旋到适当的挡位上，发生器的输出电压随输出阻抗值的不同而改变，在负载为 600Ω 时的电压值乘以相应的系数，便得到不同输出阻抗的输出电压值，如表 C-3-4 所示。

表 C-3-4 系数数值表

系数数值表	I	II	III	IV
发生器的输出阻抗 （Ω）	50	150	600	5000
电压变化的倍数	0.289	0.500	1.00	2.89

面板上的"接地"接线柱（JX2）上带一个连接片。将连接片的另一端连到"中心端"接线柱（JX1）上时，就得到不对称的输出。

在用内部电压表测量发生器的电压时，只需用一条短的连线将发生器的输出端与电压表的输入端连接起来。表头就有指示。这时"电压表量程"旋钮应旋到与被测量电压相应的位置上，如用此电压表去测量外部信号源的电压时，则应使用两支一般的表笔即可。

需说明：因电压表与发生器有共同的接地点，所以本电压表只能测量发生器的不对称输出电压。当仪器连接为对称输出时，则电压表指示改为输出电压的一半。

仪器四　AS2173D 交流毫伏表

一、主要技术指标：

电压范围：30μV～300V。
频率特性：5Hz～2MHz。
固有误差：±3%。
工作误差：±5%。

二、前面板说明

毫伏表面板示意图如图 C.4.1 所示。

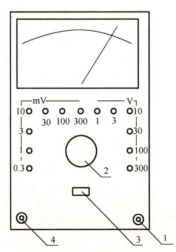

图 C.4.1　毫伏表面板示意图

1—信号输入端口；2—输入量程旋钮；3—电源开关；4—信号输出端口

三、使用方法

1. 开机 3 秒后,量程置于最高挡 300V。
2. 所测交流电压中的直流分量不得大于 100V。

仪器五　DF1731SL3A 型直流稳压电源

　　DF1731SL3A 型直流稳压电源是由二路可调输出电源和一路固定输出电源组成的高精度电源。其中二路可调输出电源具有稳压与稳流自动转换功能。电路稳定可靠,输出电压能从 0~标称电压值间连续可调。二路可调输出电源间可任意进行串联或并联,同时,可由一路主电源进行电压或电流跟踪。

一、直流稳压电源面板图(图 C.5.1):

1、2—电压表或电流表,指示主路输出电压、电流值。
3、4—电压表或电流表,指示从路输出电压、电流值。
5—从路稳压输出电压调节旋钮。
6—从路稳压输出电流调节旋钮。
7—电源开关。
8—从路稳流状态或两路电源并联状态指示灯。
9—从路稳压状态指示灯。
10—从路直流输出低端接线柱、输出电压的负极。
11—机壳接地端、大地。
12—从路直流输出高端接线柱、输出电压的正极。
13—主路直流输出低端接线柱、输出电压的负极。
14—机壳接地端、大地。
15—主路直流输出高端接线柱、输出电压的正极。
16—两路电源独立、串联、并联控制开关。
17—两路电源独立、串联、并联控制开关。
18—主路稳压输出电流调节旋钮。
19—主路稳压输出电压调节旋钮。
20—从路稳流状态或两路电源并联状态指示灯。
21—从路稳压状态指示灯。

22—固定 5V 直流稳压电源输出负接线柱。

23—固定 5V 直流稳压电源输出正接线柱。

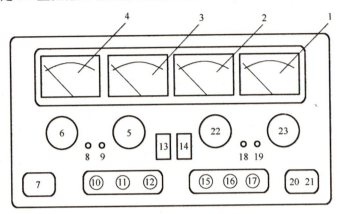

图 C.5.1　直流稳压电源面板图

二、使用

1. 双路可调电源独立使用

（1）将⑬和⑭开关分别置于弹起位置。

（2）可调电源作为稳压使用时，首先应将稳流调节旋钮⑥和㉒顺时针调节到最大，然后打开开关⑦，并调节电压旋钮⑤和㉓，使从路和主路输出直流电压至需要的电压值，此时稳压状态指示灯⑨和⑲发光。

（3）可调电源作为稳流使用时，在打开电源开关⑦后，先将稳压调节旋钮⑤和㉓顺时针调节到最大，同时将稳流调节旋钮⑥和㉒逆时针调节到最小，然后接上所需负载，再顺时针调节稳流调节旋钮⑥和㉒，使输出电流至所需要的稳定电流值。此时稳压指示灯⑨和⑲熄灭，稳流状态指示灯⑧和⑱发光。

（4）在作为稳压源使用时稳流调节旋钮⑥和㉒一般应该调至最大，但是本电源也可以任意设定限流保护点。设定办法为，打开电源，逆时针将稳流调节旋钮⑥和㉒调到最小，然后短接输出正、负端子，并顺时针调节稳流调节旋钮⑥和㉒，使输出电流等于所要求的限流保护点的电流值，此时限流保护点就被设定了。

（5）若电源只带一路负载时，为延长机器的使用寿命减少功率管的发热量，请使用在主路电源上。

2. 双路可调电源串联使用

（1）将⑬开关按下，⑭开关弹起。此时调节主电源电压调节旋钮㉓，从路的输出电压严格跟踪主路输出电压，使输出电压最高可达两路电流的额定值之和（即端子⑩和⑰之间电压）。

（2）在两路电源串联以前应先检查主路和从路电源的负端是否有连接片分接地端相连，如有则应将其断开，不然在两路电路串联时将造成从路电源的短路。

（3）在两路电源处于串联状态时，两路的输出电压由主路控制但是两路的电流调节依然是独立的。因此在两路串联时应注意⑥电流调节旋钮的位置，如旋钮⑥在逆时针到底的位置和从路输出电流超过限流保护点，此时从路的输出电压将不再跟踪主路的输出电压。所以一般两路串联时，应将旋钮⑥顺时针旋到最大。

（4）在两路电源串联时，如有功率输出则用与输出功率相适应的导线将主路的负端和从路的正端可靠短接。因为机器内部是通过一个开关短接的，所以当功率输出时短路开关将通过输出电流。长此下去无助于提高整机的可靠性。

3. 双路可调电源并联使用

（1）将⑬开关按下，⑭开关也按下，此时两路电源并联，调节主电源电压调节旋钮㉓，两路输出电压都一样。同时从路稳流指示灯⑧发光。

（2）在两路电源处于并联状态时，从路电源的稳压调节旋钮⑥不起作用。当电源做稳流源使用时，只需调节主路的稳流调节旋钮㉒，此时主、从路的输出的电流均受其控制并相同。其输出电流最大可达二路输出电路之和。

（3）在两路电源并联时，如有功率输出则应用与输出功率相适应的导线分别将主、从电源的正端和正端、负端和负端可靠短接，以使负载可靠地接在两路输出的输出端子上。不然，如将负载只接在一路电源的输出端子上，将有可能造成电源输出电流不平衡，同时也有可能造成串并联开关的损坏。

（4）本电源的输出指示为指针式（表头为2.5级），如果要想得到更精确值，需在外电路用更精密测量仪器校准。

5. 注意事项

（1）本电源设有完善的保护功能，5V电源具有可靠的限流和短路保护功能。两路可调电源具有限流保护功能，由于电路中设置了调整管功率损耗控制电路，因此当输出发生短路现象时，此时大功率调整管上的功率损耗并不是很大，完全不会对本电源造成损坏。但是短路时本电源仍有功率损耗，为了减少不必要的机器老化和能源消耗，所以应尽早发现并关掉电源，将故障排除。

（2）输出空载时限流电位器逆时针旋至（调为 0 时）电源即进入非工作状态，其输出端可能有 1V 左右的电压显示，此属正常现象，非电源故障。

（3）使用完毕后，请放在干燥通风的地方，并保持清洁，若长期不使用应将电源插头拔下后再存放。

（4）对稳定电源进行维修时，必须将输入电源断开。

（5）因电源使用不当或使用环境异常及机内元器件失效等均可能引起电源故障，当电源发生故障时输出电压可能超过额定输出最高电压，使用时请注意，仅防造成不必要的负载损坏。

（6）三芯电源线的保护接地端，必须可靠接地，以确保使用安全！

附录 D 实验室常用仪表性能和使用简介

一、万用表

万用表是一种多用途的电表，可以用来测量直流电流，直流电压，交流电压（电流），电阻和音频电平等。万用表的类型很多，测量范围亦各有差异，因此面板上的布置也不尽相同，但使用方法大体相同。这里介绍两种在实验中常用的万用表以供参考。

1. MF-30 型、MF77-1 型万用表性能简介

（1）MF77-1 型万用电压表主要技术表，如表 D-1-1 所示。

表 D-1-1 MF77-1 型万用电压表主要技术表

	测量范围	精度	灵敏度和电压降	误差表示法
直流电压	1～5～25V	2.5	20kΩ/V	以上量限百分数计
	100～500V	2.5	5kΩ/V	以上量限百分数计
直流电流	50μA～0.5～5～50～500mA	2.5	0.75V	以上量限百分数计
交流电压	10～100～500V	4.0	5kΩ/V	以上量限百分数计
电阻	×1～×10～×100～×1k～×10kΩ	2.5	—	以上量限百分数计

（2）MF-30 型万用表主要技术表，如表 D-1-2 所示。

表 D-1-2 MF-30 型万用表主要技术表

	测量范围	精度	灵敏度和电压降	误差表示法
直流电压	0～0.25～1～5～25V	2.5	10kΩ/V	以上量限百分数计
	0～100～500V	2.5	2.5kΩ/V	以上量限百分数计
	0～100V	5		以上量限百分数计
直流电流	0～100μA	2.5	0.25V	以上量限百分数计
	0～1～5～50～500mA	2.5	0.75V	以上量限百分数计
	0～5A	5		以上量限百分数计
交流电压	0～10～100～500～100V	5	2.5kΩ/V	以上量限百分数计
交流电流	0～5～50～50mA～5A	5	0.75V	以上量限百分数计
电阻	×1～×100～×2MΩ		—	以上量限百分数计

2. 万用表的使用简介

图 D.1.1 是 MF-30 型万用表的面板图。下面以 MF-30 型万用表为例来说明使用方法。

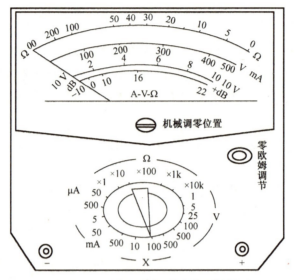

图 D.1.1 MF-30 型万用表的面板图

（1）零位调整：使用之前注意指针是否指在零位置上，如不指在零位置上，可调整表盖上的机械零位调节器，使恢复调至零位上。

（2）直流电压测量：将测试杆红色短杆插在正插口，黑色短杆插在负插口，将范围选择开关旋至直流电压的五挡范围内。如不能确定被测电压的大约数值时，应先将范围选择开关旋至最大量限上，根据指示值的大约数值，再选择合适的量限位置上。使指针得到最大的偏转度。读表刻度是 V、mA 标度尺的数值。

（3）直流电流测量：直流电流测量范围为 50μA～500mA。将范围选择开关旋至直流范围内，测量时将测试杆串接在被测电路之中即可。读表刻度同（2）。

（4）交流电压测量：测量方法与直流电压相似，只要将选择开关旋至交流电压范围内即可。交流电压的额定频率范围为 45～1000Hz。

（5）电阻的测量：将选择开关旋至Ω的各挡范围，并将测试杆二端短路，调节零欧姆调整电位器，使指针准确地指在欧姆刻度的零位上。然后将测试杆分开去测量未知电阻的阻值。

当测量电路中的电阻值时，应将电路电源关掉。

二、数字式万用表

数字式万用表是由以大规模集成电路双积分（A/D）转换为核心，它转换精度高、抗干扰能力强，特别适合测量仪表数字化要求，它的内部具有自动回零、极性显示、过量程显示、电池低电压显示。并配有全功能过载保护电路还具有输入阻抗高、功耗低等特点。

1. T890D 或 DT890B+型万用表性能检测，如表 D-1-3 所示

表 D-1-3 T890D 或 DT890B+型万用表性能检测

功能	量程	分辨率	精度
直流电压　V-	200mV	100μV	0.5%+1
	2V	1mV	
	20V	10mV	
	200V	100mV	
	1000V	1V	0.8%+2
交流电压　V~ 200V 以下 40～400Hz 700V　40～200Hz	200mV	100μV	1.2%+3
	2V	1mV	0.8%+1
	20V	10mV	
	200V	100mV	
	700V	1V	1.2%+3
直流电流 A-	200μA	0.1μA	0.8%+1
	2mA	1μA	
	20mA	10μA	
	200mA	100μA	1.2%+1
	20A	10mA	2%+5
交流电流 A~ 40～200Hz	20mA	10μA	1.2%+3
	200mA	100μA	2%+3
	20A	10mA	3%+7
电阻　Ω	20Ω	0.1Ω	0.8%+3
	2kΩ	1Ω	0.8%+1
	20kΩ	10Ω	
	200kΩ	100Ω	
	2MΩ	1kΩ	
	20MΩ	10kΩ	1%+2
	200MΩ	100kΩ	5%+10

续表

功能	量程	分辨率	精度
电容 C	2000pF	1pF	2.5%+3
	20nF	10pF	
	200nF	100pF	
	2μF	1nF	
	20μF	10nF	

2．数字式万用表使用简介。

（1）电压、电阻测量。

① 将黑色表笔插入 COM 插孔，红色表笔插入 V/Ω插孔。

② 若测电压时所旋转到的挡，为最高测量电压，超出该挡电压显示为"1"，称为溢出，例如，直流 20V 挡，当电压超过 20V 时，显示"1"。

③ 测电阻时，若显示为"1"说明挡位小，改为大挡，再测。

（2）电流的测量

① 将黑色表笔插入 COM 插孔，红色表笔插入 mA 或 20A 孔再进行测量。

② 将拨盘开关置于 DCA 或 ACA 的合适量程将表串入电路中使用。

③ 若不知电流大小时，若将电流挡置于最大挡，若没有显示值在往下移一挡，直到读出电流值。

④ 测完电流后，迅速将功能开关打到电源挡，红表笔插入 V/Ω孔，以防损坏电流挡熔断丝。

（3）电容的测量

① 功能开关置于 CAP 合适量程。

② 待测电容直接插入电容插孔中，读取显示数值。

（4）通断测量

① 电阻<30 或 70Ω时蜂鸣器响。

② 可测二极管极性或判别好坏。

（5）晶体管 h_{FE} 测试

将功能开关 hEF 量程，依晶体管类型分别将 e、b、c 插入相应孔中，读出值。

三、EM2172 型交流毫伏表

EM2172 型双通道交流电压表是立体声测量的必备仪器，它采用两个通道输入，由一直同轴双指针电表指示，可以分别指示各通道的示值，也可指示出两通道之差值，它还具有独立的量程开关，可作两只灵敏度高、稳定性可靠的交流毫伏表。它显示值是交流电压的有效值。

1. 性能简介

（1）测量电压范围：100μV～300V，分 12 个量程

（2）测量电压的频率范围：10Hz～1MHz

（3）输入阻抗：1～300mV　　　输入阻抗≥2MΩ

　　　　　　　　　　　　　　输入电容≤50pF

　　　　　　　1～300V　　　　输入阻抗≥8MHΩ

　　　　　　　　　　　　　　输入电容≤20pF

2. 使用简介

（1）通电前，调整电表的机械零位，并将量程开关置 300V 挡

（2）接通电源后，电表的双指针将无规则地摆动数次是正常的，稳定后即可测量。

（3）若测量电压未知时，应将量程开关置于最大挡，然后逐级减小量程，直至电表指示于 1/3 满刻度时读数。

（4）读表时有两条刻度线，当使用以"1"为首的挡时看最上的一条刻度线，即 1.0，以"3"为首的挡时看下部的刻度线，即 3.0。

（5）若要测量市电或高压时，输入端黑柄鳄鱼夹必须接中线端或接地端。

附录 E MATLAB 应用基础

一、MATLAB 基础知识

数学建模和数学分析是工科类专业学生学习的基础，同时也是工程设计中的首要工作，随着现代系统的大规模发展趋势，所需的数学运算日益复杂，特别是对于矩阵运算的要求逐渐增多，这些工作已经难以以手工完成，因此，随着科学技术的前进以及计算机技术的日益完善，一些便于实现的仿真应用软件逐步在科技领域占了重要的地位。仿真软件不同于编程软件，作为一种分析工具，它们在人机交互式方面有着极大的优越性，人们可以不必对编程所用语言下很大的工夫去学习它，从而可以节省大量的时间用于科学研究，提高了工作进程和效率。

MATLAB 软件包最早由美国 Mathworks 公司于 1967 年推出，是"Matrix Laboratory"的缩写，早期是为了实现一些矩阵运算；而随着这种软件的逐步发展，它以计算及绘图功能强大的优势逐渐渗入了各个工程领域，如数学、物理、力学、信号分析以及数字信号处理等，目前已是深受工程师们喜爱的一种分析工具，目前该软件已经发展到了 MATLAB7.0 版本。MATLAB 大大降低了对使用者数学基础和计算机语言知识方面的要求，而且编程效率较高，还可以直接在计算机上输出结果和精美的图形。

1. MATLAB 语言概述

（1）MATLAB 语言的特点

① 编程效率高。作为一种面向工程的高级语言，MATLAB 允许用数学形式的语言来编写程序，这种编程语言和其他诸如 C、Fortran 等语言相比，其语言格式更接近于我们平时的书写习惯，因此，MATLAB 又被称为纸式算法语言。由于其编写程序简单，因此编程效率高，易学易懂，初学者在几小时之内便可以达到简单操作的程度。

另外在 MATLAB 中还可以调用 C 和 Fortran 子程序，而且调用格式非常简单。

② 采用交互式人机界面，用户使用方便。MATLAB 语言为解释型操作，人们可以在每条指令之后马上得到该指令执行的结果；同时在执行的过程中如发现指令有错，在屏幕上马上会出现出错提示。该语言提供了丰富的在线帮助功能，

想了解指令或操作的格式、功能等，只要在窗口输入'HELP 指令'，该指令的格式、功能等便能马上在屏幕上显示出来。

③ 语句简单，涵盖丰富。MATLAB 语言中有丰富库函数功能，这些函数功能和 C 语言中的函数一样使用方便，而且 MATLAB 的函数调用起来要更方便，更接近于生活语言。这些函数包括常用的数学计算、绘图以及一些扩展工具箱。

④ 具有多个功能强大的应用工具箱。MATLAB 中包括了一些扩展的函数功能，一般称为工具箱，这些工具箱实际上是一些功能函数集，每一个工具箱适用于各自不同的科学分析领域。现在 MATLAB 中已有系统分析、信号处理、图像处理、DSP 等多个工具箱，而且 MATLAB 所包括的工具箱还在不断地被扩展。

⑤ 方便的计算和绘图功能。MATLAB 中的很多运算符不仅可以用于数值计算，而且有很多运算符只要增加一个'·'便可以用于矩阵运算，另外在 MATLAB 中还给出了适用于不同领域的特殊函数，使得一些诸如卷积等的复杂运算也可以很方便地得到解决；MATLAB 的绘图函数十分丰富，用适用于不同坐标系的绘图语句，还可方便地在所绘图形上标注横、纵坐标变量、图形名称等。另外，在调用绘图语句时，只需改变函数变量，就可以绘出不同颜色、不同风格的线或图。

（2）MATLAB 命令的结构

MATLAB 语言的典型结构为：

MATLAB 语言=窗口命令+M 文件

MATLAB 的命令窗口就是其工作空间，也是 MATLAB 运行的屏幕环境，在这种环境下输入的 MATLAB 语句，称为"窗口命令"。所谓窗口命令，就是在上述环境下输入的 MATLAB 语句并直接执行它们完成相应的运算、绘图等。

但对于复杂功能，MATLAB 利用了 M 文件。MATLAB 的程序可以向下兼容。

M 文件由一系列 MATLAB 语句组成，在 MATLAB 的编辑窗口完成输入。它既可以是一系列窗口命令，又可以是由各种控制语句和说明语句构成的函数。

（3）MATLAB 的库函数

库函数是系统根据需要编制好了，提供用户使用的函数，用户使用它们时，只要写出函数名，调整函数参量，无须再编写该函数的程序。

各种不同版本的 MATLAB 都提供了一批库函数，但其提供的库函数的数目不同，函数名和函数功能也不完全一样。

常用的库函数包括一些基本数学函数、字符与字符串函数、输入输出函数等。

除了基本库函数外，不同版本的 MATLAB 还增加了不同的有专门功能的库函数，也称为工具箱，如信号处理工具箱、控制系统工具箱等。

(4) MATLAB 命令的执行

一般常用的有两个窗口,即"命令窗口"和"调试窗口",用户可以在"调试窗口"中输入自己编制的程序以及对程序进行修改和调试。程序输入后应该进行存盘操作,文件名按规定选择,开头必须为字母,长度不能超过 19 个字符,文件名前 19 个字符相同的文件按同一文件处理;在"命令窗口"中用户可以执行 MATLAB 命令或将用户编制的文件以命令形式在界面上运行。

执行 M 文件的方法有两个,一是直接在调试窗口中利用功能菜单的调试命令完成;二是将在"调试窗口"中存好的 M 文件的文件名在"命令窗口"中输入后按回车键即可。

(5) 数据的输入和结果输出

MATLAB 的文件格式为固定格式,由于其数据输入极为简单,因而对少量的数据输入,不需要花费很多的时间。

MATLAB 的结果输出有数据输出(包括表达式)和图形输出两种,数据结果会直接输出到命令窗口中,图形则在专门的图形窗口中显示。

(6) 环境参数

操作系统中的 PATH 是很常见的,MATLABPATH 也是 MATLAB 中很重要的环境参数,设置好适当的 MATLABPATH 以后,MATLAB 可以方便地调用任何地方的 M 文件和运行可执行文件。

如果在 MATLAB 中输入一个名字,如 abc,则 MATLAB 会按以下顺序检查。

① 看 abc 是否为工作空间中的变量。

② 检查 abc 是否是一个内部变量。

③ 在当前目录中寻找 abc.MEX 或 abc.M 文件,假若两个文件同时存在,则 abc.MEX 优先考虑。

④ 根据环境参数 MATLABPATH 指定的搜索路径来寻找包含 abc.MEX 或 abc.M 的目录。

⑤ MATLABPATH 已经在 MATLAB 进行安装时自动设置好,它包括了除 MATLAB 的工作目录(MATLAB/BIN)之外的所有其他 MATLAB 的子目录。

用户也可以增加或修改 MATLABPATH 的内容来增加或修改搜索路径,以便建立一些特殊的、专用的文件库,修改 MATLABPATH 可以用 MATLAB 的 PATH 命令,但是这种修改不能被保存下来,在退出 MATLAB 后就自动取消,要保持的 MATLABPATH 设置可以通过编辑的启动控制文件(MATLABC.M)来实现。

(7) 命令与文件的编辑和建立

① 命令行的编辑,鼠标和键盘上的箭头等可以帮助修改输入的错误命令和

重新显示前面输入过的命令行。例如，准备输入：

　　y=square（pi*x）；

而误将 square 拼写成了 squae，MATLAB 将返回出错信息：

　　???Undefined function or variable squae

其中???是出错信息的提示符，说明输入有 MATLAB 不能识别的命令。此时只须按上下箭头，刚才输入的命令即可重新显示在屏幕上。这时利用鼠标或键盘，将光标置于 e 的位置，再输入字符 r 即可。回车后，屏幕将给出命令执行的结果。先前输入的命令存放在内存中。由于内存缓冲区的大小有限，只能容纳最后输入的一定量的命令行，因而可重新调用的也是后面输入的一定数据的命令行。表 E-1-1 是一些编辑键及其功能：

表 E-1-1　MATLAB 的编辑键及功能

命令行编辑和重新调出键	
↑	重新调出前一命令行
↓	重新调出后一命令行
←	光标左移一个字符
→	光标右移一个字符
Ctrl+←	光标左移一个字
Ctrl+→	光标右移一个字
Home	光标移到行首
End	光标移到行尾
Delete	删除光标所在位置的字符
Backspace	删除光标所在位置左边的一个字符

若在提示符下输入一些字符，则 ↑ 键将重新调出以这些字符为开头的命令行。

这里没有插入和改写的转换操作，因为光标所在处总是执行插入的功能。

如果使用鼠标，会使这些操作更为方便。把鼠标放到光标移到位置，并定位即完成光标移动。利用鼠标，还可以方便地完成字符串的选择、复制和删除。

② 文件的编辑与建立。一般常用的建立 M 文件的途径是利用 MATLAB 提供的 M 文件窗口。

a. 建立新的 M 文件。选择 MATLAB 命令窗口中的菜单 File→New→M-File 选项，如图 E.1.1 所示，即可出现文件调试窗口，如图 E.1.2 所示，在此窗口中将用户程序输入。

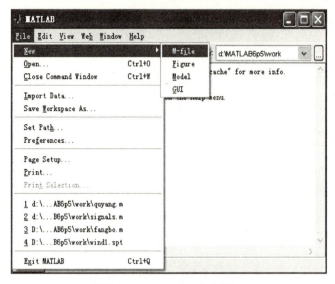

图 E.1.1　MATLAB 命令窗口

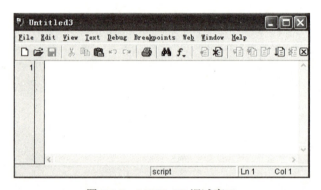

图 E.1.2　MATLAB 调试窗口

退出该窗口时应存盘，文件名的命名按前所述，其扩展名必须为.M。

b. 编辑已有的文件。选择 MATLAB 命令窗口中的菜单 File→Open 命令，出现文件选择窗口，选择所需文件即可。

2．MATLAB 的基本语法

（1）基础知识

① 语句和变量。MATLAB 语句的通常形式为：

　　　变量=表达式

简单的形式为：表达式

表达式由操作符或其他字符,函数和变量名组成,表达式的结果为一个矩阵,显示在屏幕上,同时输送到一个变量中并存放于工作空间中以备调用。如果变量名和"="省略,则 ans 变量将自动建立,例如输入:1900/81

得到输出结果:

  ans=

    23.4568

如果在语句的末尾是分号";",则说明除了这一条命令外还有下一条命令等待输入,MATLAB 这时将不给出中间运行结果,当所有命令输入完毕后,直接按回车键,则 MATLAB 将给出最终的运行结果。

如果一条表达式很长。一行放不下则输入"…"后回车,即可在下一行继续输入。注意"…"前要有空格。

变量和函数名由字母或字母加数字组成,但最多不能超过 19 个字符,否则只有前 19 个字符被接受。

MATLAB 的变量区分字母大小写,函数名则必须用小写字母,否则会被系统认为是未定义函数,也可以用 casesen 命令使 MATLAB 不区分大小写。

② 数和算术表达式。惯用的十进制符号和小数点、负号等,在 MATLAB 中可以同样使用。表示 10 的幂次要用符号 e 或 E。

在计算中使用 IEEE 算法精确度是 eps,且数值允许在 $10^{-308} \sim 10^{308}$ 间 16 位长的十进制数。

MATLAB 的算术运算符如表 E-1-2 所示。

表 E-1-2 MATLAB 的算术运算符

运算符	含义
+	加
-	减
*	乘
/	右除
\	左除
^	幂

对于矩阵来说,这里左除和右除表示两种不同的除数矩阵和被除数矩阵的关系。对于标量,两种除法运算的结果相同。

③ 输出格式。任何 MATLAB 语句的执行结果都可以在屏幕上显示,同时赋值给指定变量 ans,数字显示格式可由 format 命令来控制。format 只影响结果的显示,不影响其计算与存储。MATLAB 总是以双精度执行所有的运算。

Help 命令很有用，它为 MATLAB 绝大多数命令提供了联机帮助信息。

Help 除了可以以菜单形式提供帮助外，还可以在命令窗口输入"Help"命令来取得信息。

输入"help lsim"将得到特征函数 lsim 的信息，如图 E.1.3 所示

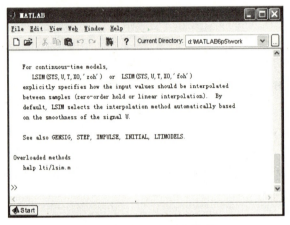

图 E.1.3　Help 命令的使用

输入"help　["将显示如何使用方括号输入矩阵。

（2）向量

① 产生向量。在 MATLAB 中"："是一个重要的字符，如产生一个 1～5 单位增量的行向量：在命令窗口中输入

```
x=1: 5
```

回车后得到结果：

```
x=
 1   2   3   4   5
```

也可以产生一个单位增量小于 1 的行向量，方法是把增量放在起始和结尾量的中间，如：

```
t=0: 0.2: 1
```

在命令窗口中输入后回车将得到以下结果：

```
t =
   0    0.2000    0.4000    0.6000    0.8000    1.0000
```

"："也可以用来产生简易的表格。为了产生纵向表格形式，首先可形成行向量，而后转置得到，即可与另一列向量合成两列的一个矩阵。

在 MATLAB 命令窗口中输入如下语句：

```
        t=(0: 0.1: 1)';
y1=exp(-t);
[t   y1]
```

命令窗口中将会显示结果如下：

```
ans =
        0    1.0000
   0.1000    0.9048
   0.2000    0.8187
   0.3000    0.7408
   0.4000    0.6703
   0.5000    0.6065
   0.6000    0.5488
   0.7000    0.4966
   0.8000    0.4493
   0.9000    0.4066
   0.3679
```

由结果可以看到，简单的命令语句便可以生成一个十一行两列的矩阵。

② 下标。单个的矩阵元素可在括号中用下标来表达。例如已知：

```
A=
1   2   3
4   5   6
7   8   9
```

其中元素 A(3, 3)=9、A(1, 2)=2 等。如用语句 A(3, 2)=A(1, 1)+A(2, 1)，则产生的新矩阵为：

```
A=
1   2   3
4   5   6
7   5   9
```

下标也可以是一个向量。例如，若 x 和 v 是向量，则 x(v)也是一个向量；[x(v(1)) x(v(2)) … x(v(n))]。对于矩阵来说，向量下标可以将矩阵中邻近或不邻近元素构成一新的子矩阵，假设 A 是一个 10×10 的矩阵，则 A(1:5, 3)指 A 中由前五行对应第三列元素组成的 5×1 子矩阵。

又如 A(1:5, 7:10)是前 5 行对应最后四列组成的 5×4 子矩阵。使用"："代替下标,可以表示所有的行或列。例如,A(:, 3)代表第三列元素组成的子矩阵,A(1:5, :)代表由前 5 行所有元素组成的子矩阵。对于子矩阵的赋值语句,":"有更明显的优越性。例如,A(:, [3, 5, 10])=B(:, 1:3)表示将矩阵的前三列,赋值给矩阵的第三、五、十列。

(3) 数组运算

数组和矩阵是两个完全不同的概念,虽然在 MATLAB 中它们在形式上有很多的一致性,但它们实际上遵循着不同的运算规则。MATLAB 数组运算符由矩阵运算符前面加一个"."来表示,如".*"、"./"等。

(4) 数学函数

一组基本函数作用在一个数组上,如

```
A=[1  2  3; 4  5  6]
B=fix(pi* A)
C=cos(pi*B)
```

运算将按函数分别作用于数组的每一个元素进行,其结果为:

```
A =
1       2       3
4       5       6
B =
3       6       9
12      15      18
C =
-1      1       -1
1       -1      1
```

表 E-1-3 是 MATLAB 所提供的数学函数。

表 E-1-3 MATLAB 的主要数学函数

三角函数	
sin	正弦
cos	余弦
tan	正切
asin	反正弦
acos	反余弦
atan	反正切
atan2	第四象限的反正切
sinh	双曲正弦

续表

cosh	双曲余弦
tanh	双曲正切
asinh	反双曲正弦
acosh	反双曲余弦
atanh	反双曲正切

另外还有一些以此为基础的基本数学函数如表 E-1-4 所示。

表 E-1-4　MATLAB 的基本数学函数

基本数学函数	
abs	绝对值或复数模
angle	相角
sqrt	开平方
real	实部
imag	虚部
conj	复数共轭
round	四舍五入到最近的整数
fix	朝零方向取整
floor	朝负无穷方向取整
ceil	朝正无穷方向取整
sign	正负符号函数
rem	除后余数
exp	以 e 为底的指数
log	自然对数
log10	以 10 为底的对数

以及一些特殊的数学函数如表 E-1-5 所示。

表 E-1-5　MATLAB 的特殊函数

特殊函数	
bassel	贝塞尔函数
gamma	完整和非完整的 γ 函数
rat	有理逼近
ert	误差函数
invert	逆误差函数
ellipk	第一类完整椭圆积分
ellipj	雅可比椭圆函数

以及在此基础上扩充的特殊数学函数。

3. 绘图

在 MATLAB 中把数据绘成图形的命令有多种。表 E-1-6 列出了这些命令。

表 E-1-6　MATLAB 的主要绘图命令

绘图命令	
plot	线性 X-Y 坐标图
loglog	双对数坐标图
semilogx	X 轴对数半对数坐标图
semilogy	Y 轴对数半对数坐标图
polar	极坐标图
mesh	三维消隐图
contour	等高线图
bar	条形图
stairs	阶梯图

除了可以在屏幕上显示图形外，还可以对屏幕上已有的图形加注释、题头或坐标网格。主要命令如表 E-1-7 所示。

表 E-1-7　MATLAB 的主要图形注解函数命令

图形加注	
title	标题头
xlabel	X 轴标注
ylabel	Y 轴标注
text	任意定位的标注
gtext	鼠标定位标注
grid	网格

关于坐标轴尺寸的选择和图形处理等控制命令如表 E-1-8 所示。

表 E-1-8　MATLAB 的主要图形控制命令

图形控制命令	
axis	人工选择坐标轴尺寸
clr	清图形窗口
ginput	利用鼠标的十字准线输入
hold	保持图形
shg	显示图形窗口
subplot	将图形窗口分成 N 块子窗

还有很多此类命令,在以后的学习中大家可以逐步掌握。

（1）X-Y 绘图

plot 命令绘制坐标图，loglog 命令绘制全对数坐标图，semilogx 和 semilogy 命令绘制半对数坐标图，polar 命令绘制极坐标图。具体命令的格式及使用方法可以利用 help 在线帮助详细了解。

如果 y 是一个向量，那么绘制一个 y 元素和 y 元素排列序号之间关系的线性坐标图。例如，要画 y 元素的序号 1、2、3、4、5、6、7 和对应的 y 元素值分别为 0、0.48、0.84、1、0.91、0.6、0.14 的图形，则输入命令：

```
y=[0  0.48  0.84  1  0.91  0.6  0.14];
plot(y)
```

则结果如图 E.1.4 所示。

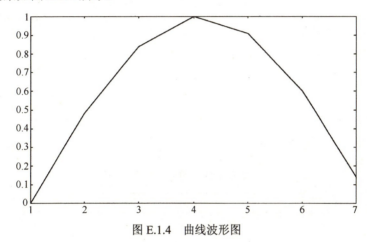

图 E.1.4　曲线波形图

图中坐标轴是软件自动给出的，也可任意对图形加注，当输入以下命令：

```
title('my first plot');      %输入题头
xlabel('x');                 %输入 x 轴标注
ylabel('y');                 %输入 y 轴标注
grid                         %加网格
```

则图形显示如图 E.1.5 所示：（注意 x 和 y 应是同样长度的向量）

（2）图线形式和颜色

如果不使用默认条件，可以选择不同的线条或点形式作图，对应符号及效果如表 E-1-9 所示。

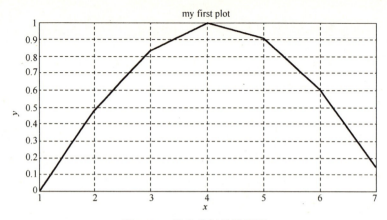

图 E.1.5　选定坐标的波形图

表 E-1-9　绘图曲线格式及命令

线方式		点方式	
实线	-	点	.
虚线	……	加号	+
冒号线	:	星	*
点划线	-·-·	小圆	o
		x 形式	x

颜色命令及效果如表 E-1-10 所示。

表 E-1-10　图形颜色命令

颜色	
黄	y
洋红	m
青	c
红	r
绿	g
蓝	b
白	w
黑	k

4．MATLAB 使用简介

首先在 PC 上安装 MATLAB，不同版本的 MATLAB 需要不同的系统支持；当机器上装载了 MATLAB 软件包后，用户就可以使用了。

下面以一个具体的小例子简要介绍如何使用 MATLAB 软件包来实现一些计算及绘图功能。使用中我们采用了 MATLAB6.5 版本。

工程中经常会遇到曲线拟合的问题，当实验测定了发生事件的一组数据后，根据数据拟合出一条曲线，从而对事件发生的将来做出预测或在后续的系统分析中进行理论研究。在这里我们不关心曲线拟合的具体算法，只是来熟悉一下 MATLAB 的各个窗口及命令。

实际中，一般的电信号以时间作为自变量，测定数据时可以以等时间间隔为测量依据，假设我们现在有这样的一组数据：[1, 2]，[1.5, 3]，[2, 4]，[2.5, 3.5]，[3, 5]，[3.5, 4]，[4, 6]，[4.5, 6.6]，[5, 7.2]，[5.5, 8]，要求以这组数据拟合出一条曲线。

进入 MATLAB 后，首先看到的是它的主界面——命令窗口，如图 E.1.6 所示。

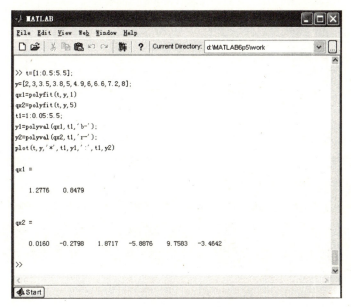

图 E.1.6　MATLAB 命令窗口

在命令窗口中可以直接输入如下命令：

```
t=[1: 0.5: 5.5];                    %定义自变量范围
y=[2,3,3.5,3.8,5,4.9,6,6.6,7.2,8];  %定义函数值
qx1=polyfit(t,y,1)                  %对数据做一次拟合
qx2=polyfit(t,y,5)                  %对数据做五次拟合
t1=1: 0.05: 5.5;                    %确定作图横坐标范围
y1=polyval(qx1,t1);                 %形成曲线数学模型
y2=polyval(qx2,t1);
plot(t,y,'*',t1,y1,': ',t1,y2)      %作图
```

即可得到这些命令的执行结果，它以图形的形式给出，如图 E.1.7 所示。从图中可以看到，蓝色的'*'是数据点，绿色的虚线是一次拟合曲线，而红色的实线则是三次拟合曲线。

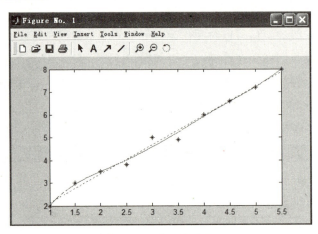

图 E.1.7　曲线拟合图

可以多次反复进行不同次数的曲线拟合，最终可以得到一条和数据点最接近的曲线。这样的反复工作在 MATLAB 中很容易就可以实现，只要改变命令中的"polyfit"函数的参数就可以得到。

由于不是主要对软件做详细的介绍，因此在后面内容中有一些命令并没有做很细致的描述，大家可以充分利用 MATLAB 的在线帮助功能对这些命令做一些深入的认识。例如，在学习过程中若不了解"polyval"函数的作用，就可以在 MATLAB 的命令窗口中输入：

```
Help polyval
```

然后回车，便可看到如图 E.1.8 所示的窗口，从而可以很方便地了解和熟悉该函数的作用和调用格式。

从窗口信息中可以知道，"polyval"函数的功能是构建数据的多项式数学模型。在图 E.1.6 中可以看到有如下的输出信息，它即是我们所构造的两个多项式的系数矩阵

```
    qx1 =
        1.2776    0.8479
    qx2 =
        0.0160   -0.2798    1.8717   -5.8876    9.7583   -3.4642
```

通过调用函数"polyval"即可得到两个多项式所表示的曲线方程：

$$qx1 = 1.2776t + 0.8479$$
$$qx2 = 0.0160t^5 - 0.2798t^4 + 1.8717t^3 - 5.8876t^2 + 9.7583t - 3.4642$$

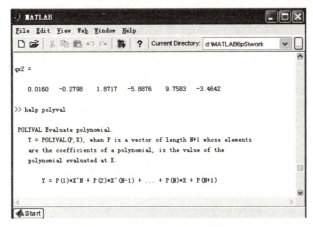

图 E.1.8 MATLAB 帮助窗口

值得注意的是，如果需要编写复杂一些或经常需要进行参数改动的程序，则最好在 MATLAB 的调试窗口中进行编程，然后形成 M 文件，过程如下：

（1）从命令窗口进入调试窗口。
（2）在调试窗口中输入以上语句。
（3）调试程序，获得所需要的信息。

调试程序有两种方法，一是在调试窗口中直接进行，如图 E.1.9 所示。在调试窗口中选择命令菜单 Debug→Run 命令，即可得到调试结果；二是在调试窗口完成程序的编制后存盘（如文件名为 qx.m），推出调试窗口，返回到命令窗口中，在命令窗口中输入"qx"然后回车，也可以马上得到调试结果。

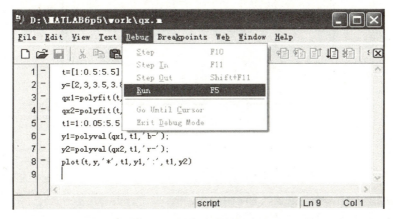

图 E.1.9 调试窗口中的程序调试

5. 交互式人机界面介绍

利用编程的方法可以方便地实现一些分析的仿真，但是这种仿真设计的方法还是需要掌握一定的编程语言，怎样脱离开编程而实现更简捷的 EDA 设计是所有 EDA 设计软件发展的一个思路，在 MATLAB 软件包中还提供有一些交互式的图形用户界面，用户可以直观地利用鼠标直接在屏幕上控制图形就可以完成一些设计和分析任务。

在 MATLAB 数字信号处理工具箱中，用户便可以利用这种图形形式的人机界面在窗口中利用鼠标而完成信号的输入、观察和测量；对信号进行频谱分析，了解信号的频率特征以及实现数字滤波器的设计等。在这里，用户不必去了解 MATLAB 中众多的函数功能及语法规则就可以完成大部分的信号及系统的分析工作。

下面简要介绍这种界面的基本组成。

在 MATLAB 命令窗口中，输入"sptool"命令，一个 SPTool 窗口便会马上弹出，如图 5-10 所示。第一次打开时，窗口的名称是一个未定义的 SPTool 窗(untitled)。用户在使用后可以对窗口进行命名，从而可以在下次使用时进行打开调用。

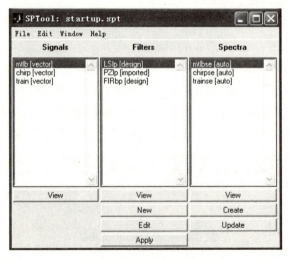

图 E.1.10　SPTool 窗口

在 SPTool 窗口中，用户可以可视化地实现信号分析及处理的全部工作。窗口有信号（Signals）、滤波器（Filters）和频谱（Spectra）三个栏目，它们分别记录了用户所用过的信号、滤波器和频谱。

SPTool 窗口的主要命令菜单有文件（File）和编辑（Edit）两个：

（1）File 菜单。

Open session：打开已经存在的扩展名为.spt 的 SPTool 窗口。

Import：鼠标选择该项后会弹出一个对话框，用户根据提示可以从磁盘或 MATLAB 工作空间向 SPTool 窗口输入信号、滤波器或频谱，它们文件名的后缀必须是 .MAT 文件形式。

Export：向 MATLAB 工作空间或磁盘输出信号、滤波器或频谱的结构参数。

Save Session，Save Session As：将所命名的 SPTool 窗口以扩展名为 .spt 的 MAT 文件存放。

Preferences：设置信号处理交互式用户界面工具的性能。

Close：关闭 SPTool 窗口。

在弹出的 SPTool 窗口下方还有四种命令：

Signals 栏下的 View 命令用来激活信号浏览窗口。

Filter 栏下有四个命令按钮：

View 命令用来激活滤波器浏览窗。

New Design 命令用来激活滤波器设计窗口，从而可以设计新的滤波器。

Edit Design 命令用来激活滤波器设计窗口并对所设计的滤波器进行编辑，可以任意选择滤波器的某些参数。

Apply 命令用来实现新设计的应用。

Spectra 栏下有三条命令：

View 命令用来激活频谱观察窗口，观察所选择的信号频率特性。

Create 命令用来激活频谱观察窗口，产生所选定信号的频谱。

Update 命令用于更新已选定信号频谱。

（2）Edit 菜单。

Duplicate：用于复制所选定的参量。

Name：用于对所选定的参量命名。

Clear：清除所选定的参量。

Sampling Frequency：给选定的信号或滤波器设置采样频率。

clc：用于清空命令窗口中的显示内容。

（3）Window 菜单用于显示当前所激活的窗口名称。

（4）Help 菜单提供在线帮助。

可以在 SPTool 窗的 Signals 栏下输入所要观测的信号，在 Filter 栏下进行数字滤波的设计，而在 Spectra 栏中对选定信号进行频谱分析，有兴趣的可以自己进一步深入学习。

二、MATLAB 开发环境

命令窗口中行编辑的常用操作键见表 E-2-1。

表 E-2-1 命令窗口中行编辑的常用操作键

键名	作用	键名	作用
↑	向前调回已输入过的命令行	Home	使光标移到当前行的开头
↓	向后调回已输入过的命令行	End	使光标移到当前行的末尾
←	在当前行中左移光标	Delete	删去光标右边的字符
→	在当前行中右移光标	Backspace	删去光标左边的字符
PageUp	向前翻阅当前窗口中的内容	Esc	清除当前行的全部内容
PageDown	向后翻阅当前窗口中的内容	Ctrl+C	中断 MATLAB 命令的运行

MATLAB 常用标点符号的功能见表 E-2-2。

表 E-2-2 MATLAB 常用标点符号的功能

名称	符号	功能
空格		用于输入变量之间的分隔符以及数组行元素之间的分隔符
逗号	,	用于要显示计算结果的命令之间的分隔符；用于输入变量之间的分隔符；用于数组行元素之间的分隔符
点号	.	用于数值中的小数点
分号	;	用于不显示计算结果命令行的结尾；用于不显示计算结果命令之间的分隔符；用于数组元素行之间的分隔符
冒号	:	用于生成一维数值数组，表示一维数组的全部元素或多维数组的某一维的全部元素
百分号	%	用于注释的前面，在它后面的命令不需要执行
单引号	' '	用于括住字符串
圆括号	( )	用于引用数组元素；用于函数输入变量列表；用于确定算术运算的先后次序
方括号	[ ]	用于构成向量和矩阵；用于函数输出列表
花括号	{ }	用于构成元胞数组
下划线	-	用于一个变量、函数或文件名中的连字符
续行号	...	用于把后面的行与该行连接以构成一个较长的命令

注意：以上的符号一定要在英文状态下输入，因为 MATLAB 不能识别中文标点符号。

数据显示的 Format 格式见表 E-2-3。

表 E-2-3 数据显示的 Format 格式

命令格式	含义	例子
Format format short（默认）	通常保证小数点后四位有效；大于 1000 的实数，用 5 位有效数字的科学计数法显示	314.159 显示为 314.1590 3141.59 显示为 3.1416e+003
format short e	5 位科学计数法表示	π显示为 3.1416e+000
format short g	从 format short 和 format short e 中自动选择最佳计数方式	π显示为 3.1416

续表

命令格式	含义	例子
format long	15 位数字表示	π显示为 3.14159265358979
format long e	15 位科学计数法表示	π显示为 3.141592653589793e+000
format long g	从 format long 和 format long e 中自动选择最佳计数方式	π显示为 3.1415926358979
format rat	近似有理数表示	π显示为 355/113
format hex	十六进制表示	π显示为 400921fb54442dl8
format +	正数、负数、零分别用+、-、空格	π显示为+
format bank	表示（金融）元、角、分	π显示为 3.14
format compact	在显示结果之间没有空行的压缩格式	
format loose	在显示结果之间有空行的稀疏格式	

特殊变量表见表 E-2-4。

表 E-2-4　特殊变量表

特殊变量	取值	特殊变量	取值
Ans	运算结果的默认变量名	i 或 j	i=j=$\sqrt{-1}$
Pi	圆周率π	nargin	函数的输入变量数目
Eps	计算机的最小数	nargout	函数的输出变量数目
Flops	浮点运算数	realmin	最小的可用正实数
Inf	无穷大，如 1/0	realmax	最大的可用正实数
NaN 或 nan	非数，如 0/0、∞/∞、0×∞		

MATLAB 脚本文件和函数文件如下。

M 文件有两种形式：M 脚本文件和 M 函数文件。

M 函数文件的基本格式：

　　函数声明行
　　H1 行（用%开头的注释行）
　　在线帮助文本（用%开头）
　　编写和修改记录（用%开头）
　　函数体

函数文件的特点如下。

（1）第一行总是以"function"引导的函数声明行。

函数声明行的格式：

　　function [输出变量列表] = 函数名（输入变量列表）

（2）函数文件在运行过程中产生的变量都存放在函数本身的工作空间。

（3）当文件执行完最后一条命令或遇到"return"命令时，就结束函数文件的运行，同时函数工作空间的变量就被清除。

（4）函数的工作空间随具体的 M 函数文件调用而产生，随调用结束而删除，是独立的、临时的，在 MATLAB 运行过程中可以产生任意多个临时的函数空间。

三、MATLAB 常用命令函数表

矩阵生成函数见表 E-3-1。

表 E-3-1　矩阵生成函数

函数名	功能
zeros(m,n)	产生 m×n 的全 0 矩阵
ones(m,n)	产生 m×n 的全 1 矩阵
rand(m,n)	产生均匀分布的随机矩阵，元素取值范围 0.0～1.0
randn(m,n)	产生正态分布的随机矩阵
magic(N)	产生 N 阶魔方矩阵（矩阵的行、列和对角线上元素的和相等）
eye(m,n)	产生 m×n 的单位矩阵

zeros、ones、rand、randn 和 eye 函数当只有一个参数 n 时，则为 n×n 的方阵。当 eye(m,n)函数的 m 和 n 参数不相等时则单位矩阵会出现全 0 行或列。

常用矩阵翻转函数见表 E-3-2。

表 E-3-2　常用矩阵翻转函数

函数名	功能
triu(X)	产生 X 矩阵的上三角矩阵，其余元素补 0
tril(X)	产生 X 矩阵的下三角矩阵，其余元素补 0
flipud(X)	使矩阵 X 沿水平轴上下翻转
fliplr(X)	使矩阵 X 沿垂直轴左右翻转
flipdim(X,dim)	使矩阵 X 沿特定轴翻转。dim=1，按行维翻转；dim=2，按列维翻转
rot90(X)	使矩阵 X 逆时针旋转 90°

常用矩阵运算函数见表 E-3-3。

表 E-3-3　常用矩阵运算函数

函数名	功能
det(X)	计算方阵行列式
rank(X)	求矩阵的秩，得出的行列式不为零的最大方阵边长
inv(X)	求矩阵的逆阵，当方阵 X 的 det(X)不等于零，逆阵 X-1 才存在。X 与 X-1 相乘为单位矩阵
[v,d]=eig(X)	计算矩阵特征值和特征向量。如果方程 Xv=vd 存在非零解，则 v 为特征向量，d 为特征值
diag(X)	产生 X 矩阵的对角矩阵
[l,u]=lu(X)	方阵分解为一个准下三角方阵和一个上三角方阵的乘积。l 为准下三角方阵，必须交换两行才能成为真的下三角方阵

续表

函数名	功能
[q,r]=qr(X)	m×n 阶矩阵 X 分解为一个正交方阵 q 和一个与 X 同阶的上三角矩阵 r 的乘积。方阵 q 的边长为矩阵 X 的 n 和 m 中较小者，且其行列式的值为 1
[u,s,v]=svd(X)	m×n 阶矩阵 X 分解为三个矩阵的乘积，其中 u、v 为 n×n 阶和 m×m 阶正交方阵，s 为 m×n 阶的对角矩阵，对角线上的元素就是矩阵 X 的奇异值，其长度为 n 和 m 中的较小者

基本函数见表 E-3-4。

表 E-3-4 基本函数

函数名	含义	函数名	含义	函数名	含义
abs	绝对值或者复数模	atan	反正切	ceil	向最接近 $-\infty$ 取整
sqrt	平方根	atan2	第四象限反正切	sign	符号函数
real	实部	sinh	双曲正弦	rem	求余数留数
imag	虚部	cosh	双曲余弦	pow2	2 的幂
conj	复数共轭	tanh	双曲正切	exp	自然指数
sin	正弦	rat	有理数近似	log	自然对数
cos	余弦	mod	模除求余	log10	以 10 为底的对数
tan	正切	round	4 舍 5 入到整数	gamma	伽马函数
asin	反正弦	fix	向最接近 0 取整	bessel	贝赛尔函数
acos	反余弦	floor	向最接近 $-\infty$ 取整		

矩阵和数组运算对比表见表 E-3-5。

表 E-3-5 矩阵和数组运算对比表

数组运算		矩阵运算	
命令	含义	命令	含义
A+B	对应元素相加	A+B	与数组运算相同
A-B	对应元素相减	A-B	与数组运算相同
S.*B	标量 S 分别与 B 元素的积	S*B	与数组运算相同
A.*B	数组对应元素相乘	A*B	内维相同矩阵的乘积
S./B	S 分别被 B 的元素左除	S\B	B 矩阵分别左除 S
A./B	A 的元素被 B 的对应元素除	A/B	矩阵 A 右除 B 即 A 的逆阵与 B 相乘
B.\A	结果一定与上行相同	B\A	A 左除 B（一般与上行不同）
A.^S	A 的每个元素自乘 S 次	A^S	A 矩阵为方阵时，自乘 S 次
A.^S	S 为小数时，对 A 各元素分别求非整数幂，得出矩阵	A^S	S 为小数时，方阵 A 的非整数乘方
S.^B	分别以 B 的元素为指数求幂值	S^B	B 为方阵时，标量 S 的矩阵乘方
A.'	非共轭转置，相当于 conj(A')	A'	共轭转置
exp(A)	以自然数 e 为底，分别以 A 的元素为指数求幂	expm(A)	A 的矩阵指数函数
log(A)	对 A 的各元素求对数	logm(A)	A 的矩阵对数函数

续表

数组运算		矩阵运算	
命令	含义	命令	含义
sqrt(A)	对 A 的各元素求平方根	sqrtm(A)	A 的矩阵平方根函数
f(A)	求 A 各个元素的函数值	funm(A,'FUN')	矩阵的函数运算

四、基本绘图命令

1. 基本绘图命令 plot

（1）plot(x)绘制 x 向量曲线。

plot 命令是 MATLAB 中最简单而且使用最广泛的一个绘图命令，用来绘制二维曲线。

语法：

```
plot(x)      %绘制以 x 为纵坐标的二维曲线
plot(x,y)    %绘制以 x 为横坐标、y 为纵坐标的二维曲线
```

说明：x 和 y 可以是向量或矩阵。

（2）plot(x1,y1,x2,y2,…)绘制多条曲线。

plot 命令还可以同时绘制多条曲线，用多个矩阵对为参数，MATLAB 自动以不同的颜色绘制不同曲线。每一对矩阵(xi,yi)均按照前面的方式解释，不同的矩阵对之间，其维数可以不同。

2. 多个图形绘制的方法

（1）指定图形窗口

如果需要多个图形窗口同时打开时，可以使用 figure 语句。

语法：

```
figure(n)            %产生新图形窗口
```

说明：如果该窗口不存在，则产生新图形窗口并设置为当前图形窗口，该窗口名为"Figure No.n"，而不关闭其他窗口。

（2）同一窗口多个子图

如果需要在同一个图形窗口中布置几幅独立的子图，可以在 plot 命令前加上 subplot 命令来将一个图形窗口划分为多个区域，每个区域一幅子图。

语法：

```
subplot(m,n,k)        %使 m×n 幅子图中的第 k 幅成为当前图
```

说明：将图形窗口划分为 m×n 幅子图，k 是当前子图的编号，","可以省略。子图的序号编排原则是：左上方为第 1 幅，先向右后向下依次排列，子图彼此之间独立。

（3）同一窗口多次叠绘

为了在一个坐标系中增加新的图形对象，可以用"hold"命令来保留原图形对象。

语法：

```
hold on       %使当前坐标系和图形保留
hold off      %使当前坐标系和图形不保留
hold          %在以上两个命令中切换
```

说明：在设置了"hold on"后，如果画多个图形对象，则在生成新的图形时保留当前坐标系中已存在的图形对象，MATLAB 会根据新图形的大小，重新改变坐标系的比例。

（4）双纵坐标图

语法：

```
plotyy(x1,y1,x2,y2)        %以左、右不同纵轴绘制两条曲线
```

说明：左纵轴用于(x1,y1)数据，右纵轴用于(x2,y2)数据来绘制两条曲线。坐标轴的范围、刻度都自动产生。

3. 曲线的线型、颜色和数据点形

plot 命令还可以设置曲线的线段类型、颜色和数据点形等，如表 E-4-1 所示。

表 E-4-1 线段、颜色与数据点形

颜色		数据点间连线		数据点形			
类型	符号	类型	符号	类型	符号	类型	符号
黄色	y(Yellow)	实线（默认）	-	实点标记	.	向下的三角形标记	v
品红色（紫色）	m(Magenta)	点线	:	圆圈标记	o	向上的三角形标记	^
青色	c(Cyan)	点画线	-.	叉号形×	x	向左的三角形标记	<
红色	r(Red)	虚线	--	十字形+	+	向右的三角形标记	>
绿色	g(Green)			星号标记*	*	五角星标记☆	p
蓝色	b(Blue)			方块标记□	s		
白色	w(White)			钻石形标记◇	d		
黑色	k(Black)			六连形标记	h		

语法:

```
plot(x,y,s)
```

说明:x 为横坐标矩阵,y 为纵坐标矩阵,s 为类型说明字符串参数;s 字符串可以是线段类型、颜色和数据点形三种类型的符号之一,也可以是三种类型符号的组合。

4. 坐标轴的控制

用坐标控制命令 axis 来控制坐标轴的特性,表 E-4-2 列出其常用控制命令。

表 E-4-2 常用的坐标控制命令

命令	含义	命令	含义
axis auto	使用默认设置	axis equal	纵、横轴采用等长刻度
axis manual	使当前坐标范围不变	axis fill	在 manual 方式下起作用,使坐标充满整个绘图区
axis off	取消轴背景	axis image	纵、横轴采用等长刻度,且坐标框紧贴数据范围
axis on	使用轴背景	axis normal	默认矩形坐标系
axis ij	矩阵式坐标,原点在左上方	axis square	产生正方形坐标系
axis xy	普通直角坐标,原点在左下方	axis tight	把数据范围直接设为坐标范围
axis([xmin,xmax,ymin,ymax])	设定坐标范围,必须满足 xmin<xmax,ymin<ymax,可以取 inf 或-inf	axis vis3d	保持高宽比不变,用于三维旋转时避免图形大小变化

5. 分格线和坐标框

(1) 使用 grid 命令显示分格线

语法:

```
grid on           %显示分格线
grid off          %不显示分格线
grid              %在以上两个命令间切换
```

说明:不显示分格线是 MATLAB 的默认设置。分格线的疏密取决于坐标刻度,如果要改变分格线的疏密,必须先定义坐标刻度。

(2) 使用 box 命令显示坐标框

语法:

```
box on            %使当前坐标框呈封闭形式
```

```
box off        %使当前坐标框呈开启形式
box            %在以上两个命令间切换
```

6. 文字标注

(1) 添加图名

语法:

```
title(s)       %书写图名
```

说明:s 为图名,为字符串,可以是英文或中文。

(2) 添加坐标轴名

语法:

```
xlabel(s)      %横坐标轴名
ylabel(s)      %纵坐标轴名
```

(3) 添加图例

语法:

```
legend(s,pos)  %在指定位置建立图例
legend off     %擦除当前图中的图例
```

说明:参数 s 是图例中的文字注释,如果多个注释则可以用 's1','s2',… 的方式;参数 pos 是图例在图上位置的指定符,它的取值如表 E-4-3 所示。

表 E-4-3　pos 取值所对应的图例位置

pos 取值	0	1	2	3	4	–1
图例位置	自动取最佳位置	右上角(默认)	左上角	左下角	右下角	图右侧

用 legend 命令在图形窗口中产生图例后,还可以用鼠标对其进行拖拉操作,将图例拖到满意的位置。

(4) 添加文字注释

语法:

```
text(xt,yt,s)      %在图形的(xt,yt)坐标处书写文字注释
```

7. 特殊符号

图形标识用的希腊字母、数学符号和特殊字符,如表 E-4-4 所示。

表 E-4-4　图形标识用的希腊字母、数学符号和特殊字符

类别	命令	字符	命令	字符	命令	字符	命令	字符
希腊字母	\alpha	α	\eta	η	\nu	ν	\upsilon	υ
	\beta	β	\theta	θ	\xi	ξ	\Upsilon	Υ
	\epsilon	ε	\Theta	Θ	\Xi	Ξ	\phi	φ
	\gamma	γ	\iota	ι	\pi	π	\Phi	Φ
	\Gamma	Γ	\zeta	ζ	\Pi	Π	\chi	χ
	\delta	δ	\kappa	κ	\rho	ρ	\psi	ψ
	\Delta	Δ	\mu	μ	\tau	τ	\Psi	Ψ
	\omega	ω	\lambda	λ	\sigma	σ		
	\Omega	Ω	\Lambda	Λ	\Sigma	Σ		
数学符号	\approx	≈	\oplus	≡	\neq	≠	\leq	≤
	\geq	≥	\pm	±	\times	×	\div	÷
	\int	∫	\exists	∝	\infty	∞	\in	∈
	\sim	≌	\forall	∼	\angle	∠	\perp	⊥
	\cup	∪	\cap	∩	\vee	∨	\wedge	∧
	\surd	√	\otimes	⊗	\oplus	⊕		
箭头	\uparrow	↑	\downarrow	↓	\rightarrow	→	\leftarrow	←
	\leftrightarrow	↔	\updownarrow	↕				

五、多项式求值、求根和部分分式展开 MATLAB 函数

1．多项式求值

函数 polyval 可以用来计算多项式在给定变量时的值，是按数组运算规则进行计算的。

语法：

```
polyval(p,s)
```

说明：p 为多项式，s 为给定矩阵。

2．多项式求根

roots 用来计算多项式的根。

语法：

```
r=roots(p)
```

说明：p 为多项式；r 为计算的多项式的根，以列向量的形式保存。

与函数 roots 相反，根据多项式的根来计算多项式的系数可以用 poly 函数来实现。

语法：

```
p=poly (r)
```

3. 特征多项式

对于一个方阵 s，可以用函数 poly 来计算矩阵的特征多项式的系数。特征多项式的根即为特征值，用 roots 函数来计算。

语法：

```
p=poly (s)
```

说明：s 必须为方阵；p 为特征多项式。

4. 部分分式展开

用 residue 函数来实现将分式表达式进行多项式的部分分式展开。

$$\frac{B(s)}{A(s)} = \frac{r_1}{s-p_1} + \frac{r_2}{s-p_2} + \cdots + \frac{r_n}{s-p_n} + k(s)$$

语法：

```
[r,p,k]=residue(b,a)
```

说明：b 和 a 分别是分子和分母多项式系数行向量；r 是 [r_1 r_2 $\cdots r_n$] 留数行向量；p 为 [p_1 p_2 $\cdots p_n$] 极点行向量；k 为直项行向量。

5. 多项式的乘法和除法

（1）多项式的乘法

语法：

```
p=conv(p1,p2)
```

说明：p 是多项式 p1 和 p2 的乘积多项式。

（2）多项式的除法

语法：

```
[q,r]=deconv(p1,p2)
```

说明：除法不一定会除尽，会有余子式。多项式 p1 被 p2 除的商为多项式 q，而余子式是 r。

6. 卷积

卷积和解卷是信号与系统中常用的数学工具。函数 conv 和 deconv 分别为卷积和解卷函数，同时也是多项式乘法和除法函数。

（1）conv：计算向量的卷积。

语法：

```
conv(x,y)
```

如果 x 是输入信号，y 是线性系统的脉冲过渡函数，则 x 和 y 的卷积为系统的输出信号。

（2）conv2：计算二维卷积。

deconv：解卷积运算。

语法：

```
[q,r]=deconv(x,y)
```

解卷积和卷积的关系是：x=conv(y,q)+r。

7. 快速傅里叶变换

（1）fft：一维快速傅里叶变换。

语法：

```
X=fft(x,N)   %对离散序列进行离散傅里叶变换
```

说明：x 可以是向量、矩阵和多维数组；N 为输入变量 x 的序列长度，可省略，如果 X 的长度小于 N，则会自动补零；如果 X 的长度大于 N，则会自动截断；当 N 取 2 的整数幂时，傅里叶变换的计算速度最快。通常取大于又最靠近 x 长度的幂次。

一般情况下，fft 求出的函数为复数，可用 abs 及 angle 分别求其幅值和相位。

（2）ifft：一维快速傅里叶逆变换。

语法：

```
X=ifft(x,N)   %对离散序列进行离散傅里叶逆变换
```

六、符号积分变换 MATLAB 常用函数

1. 符号常量

符号常量是不含变量的符号表达式，用 sym 命令来创建符号常量。

语法：

```
sym（'常量'）            %创建符号常量
```

2. 使用 sym 命令创建符号变量和表达式

语法：

  sym（'变量',参数） %把变量定义为符号对象

说明：参数用来设置限定符号变量的数学特性，可以选择为'positive'、'real'和'unreal'，'positive'表示为"正、实"符号变量，'real'表示为"实"符号变量，'unreal'表示为"非实"符号变量。如果不限定则参数可省略。

语法：

  sym（'表达式'） %创建符号表达式

3. 使用 syms 命令创建符号变量和符号表达式

语法：

  syms（'arg1', 'arg2', …,参数） %把字符变量定义为符号变量
  syms arg1 arg2 …,参数   %把字符变量定义为符号变量的简洁形式

说明：syms 用来创建多个符号变量，这两种方式创建的符号对象是相同的。参数设置和前面的 sym 命令相同，省略时符号表达式直接由各符号变量组成。

（1）傅里叶（Fourier）变换及其反变换

fourier 变换和反变换可以利用积分函数 int 来实现，也可以直接使用 fourier 或 ifourier 函数实现。

① fourier 变换

语法：

  F=fourier(f,t ,w) %求时域函数 f(t)的 fourier 变换 F

说明：返回结果 F 是符号变量 w 的函数，当参数 w 省略，默认返回结果为 w 的函数；f 为 t 的函数，当参数 t 省略，默认自由变量为 x。

② fourier 反变换

语法：

  f=ifourier (F) %求频域函数 F 的 fourier 反变换 f(t)
  f=ifourier (F,w,t)

说明：ifourier 函数的用法与 fourier 函数相同。

（2）拉普拉斯（Laplace）变换及其反变换

① Laplace 变换

语法：

```
F=laplace(f,t,s)        %求时域函数 f 的 Laplace 变换 F
```

说明：返回结果 F 为 s 的函数，当参数 s 省略，返回结果 F 默认为's'的函数；f 为 t 的函数，当参数 t 省略，默认自由变量为't'。

② Laplace 反变换

语法：

```
f=ilaplace(F,s,t)       %求 F 的 Laplace 反变换 f
```

(3) Z 变换及其反变换

① ztrans 函数

语法：

```
F=ztrans(f,n, z)        %求时域序列 f 的 Z 变换 F
```

说明：返回结果 F 是以符号变量 z 为自变量；当参数 n 省略，默认自变量为'n'；当参数 z 省略，返回结果默认为'z'的函数。

② iztrans 函数

语法：

```
f=iztrans(F,z,n)        %求 F 的 z 反变换 f
```

(4) 符号函数的绘图命令

ezplot 和 ezplot3 命令

ezplot 命令是绘制符号表达式的自变量和对应各函数值的二维曲线，ezplot3 命令用于绘制三维曲线。

语法：

```
ezplot(F,[xmin,xmax],fig)   %画符号表达式的图形
```

说明：F 是将要画的符号函数；[xmin,xmax]是绘图的自变量范围，省略时默认值为[-2π, 2π]；fig 是指定的图形窗口，省略时默认为当前图形窗口。

符号表达式和字符串的绘图命令，如表 E-6-1 所示。

表 E-6-1 符号表达式和字符串的绘图命令

命令名	含义	举例
ezmesh	画三维网线图	ezmesh('sin(x)*exp(-t)','cos(x)*exp(-t)','x',[0,2*pi])
ezmeshc	画带等高线的三维网线图	ezmeshc('sin(x)*t',[-pi,pi])
ezpolar	画极坐标图	ezpolar('sin(t)',[0,pi/2])
ezsurf	画三维曲面图	ezsurf('x*sin(t)','x*cos(t)','t',[0,10*pi])
ezsurfc	画带等高线的三维曲面图	ezsurfc('x*sin(t)','x*cos(t)','t',[0,pi,0,2*pi])

七、信号与系统 MATLAB 常用函数

1. 传递函数描述法

MATLAB 中使用 tf 命令来建立传递函数。
语法：

```
G=tf(num,den)         %由传递函数分子分母得出
```

说明：num 为分子向量，num=$[b_1,b_2,\cdots,b_m,b_{m+1}]$；den 为分母向量，den=$[a_1,a_2,\cdots,a_{n-1},a_n]$。

2. 零极点描述法

MATLAB 中使用 zpk 命令可以来实现由零极点得到传递函数模型。
语法：

```
G=zpk(z,p,k)          %由零点、极点和增益获得
```

说明：z 为零点列向量；p 为极点列向量；k 为增益。
部分分式法是将传递函数表示成部分分式或留数形式：

$$G(s) = \frac{r_1}{s-p_1} + \frac{r_2}{s-p_2} + \cdots + \frac{r_n}{s-p_n} + k(s)$$

线性系统模型转换函数表，如表 E-7-1 所示。

表 E-7-1　线性系统模型转换函数表

函数	调用格式	功能
tf2ss	[a,b,c,d]=tf2ss(num,den)	传递函数转换为状态空间
tf2zp	[z,p,k]=tf2zp(num,den)	传递函数转换为零极点描述
ss2tf	[num,den]=ss2tf(a,b,c,d,iu)	状态空间转换为传递函数
ss2zp	[z,p,k]=ss2zp(a,b,c,d,iu)	状态空间转换为零极点描述
zp2ss	[a,b,c,d]=zp2ss(z,p,k)	零极点描述转换为状态空间
zp2tf	[num,den]=zp2tf(z,p,k)	零极点描述转换为传递函数

3. 零输入响应分析

（1）连续系统的零输入响应
MATLAB 中使用 initial 命令来计算和显示连续系统的零输入响应。

语法：

  initial(G,x0, Ts)　　　　　　%绘制系统的零输入响应曲线
  initial(G1,G2,…,x0, Ts)　　　%绘制系统多个系统的零输入响应曲线
  [y,t,x]=initial(G,x0, Ts)　　 %得出零输入响应、时间和状态变量响应

说明：G 为系统模型，必须是状态空间模型；x0 是初始条件；Ts 为时间点，如果是标量则为终止时间，如果是数组，则为计算的时刻，可省略；y 为输出响应；t 为时间向量，可省略；x 为状态变量响应，可省略。

（2）离散系统的零输入响应

离散系统的零输入响应使用 dinitial 命令实现。

语法：

  dinitial(a,b,c,d,x0)　　　　　 %绘制离散系统零输入响应
  y= dinitial (a,b,c,d,x0)　　　 %得出离散系统的零输入响应
  [y,x,n]= dinitial (a,b,c,d,x0) %得出离散系统 n 点的零输入响应

说明：a、b、c、d 为状态空间的系数矩阵；x0 为初始条件；y 为输出响应；t 为时间向量；x 为状态变量响应；n 为点数。

（3）连续系统的脉冲响应

连续系统的脉冲响应由 impulse 命令来得出。

语法：

  impulse(G, Ts)　　　　　　　　%绘制系统的脉冲响应曲线
  [y,t,x]=impulse(G, Ts)　　　　%得出脉冲响应

说明：G 为系统模型，可以是传递函数、状态方程、零极点增益的形式；y 为时间响应；t 为时间向量；x 为状态变量响应，t 和 x 可省略；Ts 为时间点可省略。

（4）离散系统的脉冲响应

离散系统的脉冲响应使用 dimpluse 命令实现。

语法：

  dimpluse(a,b,c,d,iu)　　　　　　%绘制离散系统脉冲响应曲线
  [y,x]=dimpluse(a,b,c,d,iu,n)　 %得出 n 点离散系统的脉冲响应
  [y,x]=dimpluse(num,den,iu,n)　 %由传递函数得出 n 点离散系统的脉冲响应

说明：iu 为第几个输入信号；n 为要计算脉冲响应的点数；y 的列数与 n 对应；x 为状态变量，可省略。

(5) 连续阶跃响应

阶跃响应可以用 step 命令来实现。

语法：

```
step(G, Ts)              %绘制系统的阶跃响应曲线
[y,t,x]=step(G, Ts)      %得出阶跃响应
```

说明：参数设置与 impulse 命令相同。

(6) 离散系统的阶跃响应

离散系统阶跃响应使用 dstep 命令来实现，语法规则与 dimpluse 相同。

(7) 连续系统的任意输入响应

连续系统对任意输入的响应用 lsim 命令来实现。

语法：

```
lsim(G,U,Ts)             %绘制系统的任意响应曲线
lsim(G1,G2,…U,Ts)        %绘制多个系统任意响应曲线
[y,t,x]=lsim(G,U,Ts).    %得出任意响应
```

说明：U 为输入序列，每一列对应一个输入；Ts 为时间点，U 的行数和 Ts 相对应；参数 t 和 x 可省略。

(8) 离散系统的任意输入响应

离散系统的任意输入响应用 dlsim 命令来实现。

语法：

```
dlsim(a,b,c,d,U)         %绘制离散系统的任意响应曲线
[y,x]=dlsim(num,den,U)   %得出离散系统任意响应和状态变量响应
[y,x]=dlsim(a,b,c,d,U)   %得出离散系统响应和状态变量响应
```

说明：U 为任意序列输入信号。

4. 极点和零点

(1) pole 命令计算极点

语法：

```
p=pole(G)
```

说明：当系统有重极点时，计算结果不一定准确。

(2) tzero 命令计算零点和增益

语法：

```
z=tzero(G)                    %得出连续和离散系统的零点
[z,gain]=tzero(G)             %获得零点和零极点增益
```

说明：对于单输入单输出系统，tzero 命令也用来计算零极点增益。

5. 系统频域特性

频域特性由下式求出：

```
Gw=polyval(num,j*w)./polyval(den,j*w)
mag=abs(Gw)                   %幅频特性
pha=angle(Gw)                 %相频特性
```

说明：j 为虚部变量。

（1）bode 图

bode 图是对数幅频和对数相频特性曲线。

语法：

```
bode(G,w)                     %绘制 bode 图
[mag,pha]=bode(G,w)           %得出 w 对应的幅值和相角
[mag,pha,w]=bode(G)           %得出幅值、相角和频率
```

说明：G 为系统模型，w 为频率向量，mag 为系统的幅值，pha 为系统的相角。

（2）nyquist 曲线

nyquist 曲线是幅相频率特性曲线，使用 nyquist 命令绘制和计算。

语法：

```
nyquist(G,w)                  %绘制 nyquist 曲线
nyquist(G1,G2,…w)             %绘制多条 nyquist 曲线
[Re,Im]= nyquist(G,w)         %由 w 得出对应的实部和虚部
[Re,Im,w]= nyquist(G)         %得出实部、虚部和频率
```

说明：G 为系统模型；w 为频率向量，也可以用{wmin,wmax}表示频率的范围；Re 为频率特性的实部，Im 为频率特性的虚部。

反侵权盗版声明

电子工业出版社依法对本作品享有专有出版权。任何未经权利人书面许可，复制、销售或通过信息网络传播本作品的行为；歪曲、篡改、剽窃本作品的行为，均违反《中华人民共和国著作权法》，其行为人应承担相应的民事责任和行政责任，构成犯罪的，将被依法追究刑事责任。

为了维护市场秩序，保护权利人的合法权益，我社将依法查处和打击侵权盗版的单位和个人。欢迎社会各界人士积极举报侵权盗版行为，本社将奖励举报有功人员，并保证举报人的信息不被泄露。

举报电话：（010）88254396；（010）88258888
传　　真：（010）88254397
E-mail：dbqq@phei.com.cn
通信地址：北京市万寿路173信箱
　　　　　电子工业出版社总编办公室
邮　　编：100036